U0266006

室内设计师.**49**
INTERIOR DESIGNER

编委会主任　崔恺
编委会副主任　胡永旭

学术顾问　周家斌

编委会委员
王明贤　王琼　王澍　叶铮　吕品晶　刘家琨　吴长福
余平　沈立东　沈雷　汤桦　张雷　孟建民　陈耀光　郑曙旸
姜峰　赵毓玲　钱强　高超一　崔华峰　登琨艳　谢江

海外编委
方海　方振宁　陆宇星　周静敏　黄晓江

主编　徐纺
艺术顾问　陈飞波

责任编辑　徐纺　刘丽君　宫姝泰　徐明怡
美术编辑　卢玲

支持单位
上海天恒装饰设计工程有限公司　北京八番竹照明设计有限公司
上海泓叶室内设计咨询有限公司　内建筑设计事务所
杭州典尚建筑装饰设计有限公司

图书在版编目(CIP)数据

室内设计师. 49，乡土建筑 / 《室内设计师》编委
会编 .—北京 : 中国建筑工业出版社，2014.9
ISBN 978-7-112-17279-5

Ⅰ. ①室… Ⅱ. ①室… Ⅲ. ①室内装饰设计－丛刊②
农村住宅—室内装饰设计 Ⅳ. ① TU238-55 ② TU241.4

中国版本图书馆 CIP 数据核字 (2014) 第 211528 号

室内设计师　49
乡土建筑
《室内设计师》编委会　编
电子邮箱 : ider2006@qq.com
网　　址 : http://www.idzoom.com

中国建筑工业出版社出版、发行（北京西郊百万庄）
各地新华书店、建筑书店 经销
上海雅昌艺术印刷有限公司 制版、印刷

开本 : 965×1270 毫米　1/16　印张 : 11½　字数 : 460 千字
2014 年 9 月第一版　2014 年 9 月第一次印刷
定价 : 40.00 元
ISBN978 -7 -112 -17279 -5
　　　（26066）
**版权所有　翻印必究**
如有印装质量问题，可寄本社退换
（邮政编码 100037）

# CONTENTS
# VOL. 49

# 侘寂物哀

## 在洛杉矶看
## "日本今日设计 100" 展

撰　文 ｜ 王受之
图片提供 ｜ MCH Messe Schweiz(Basel)

NikonF135 相机

　　2014 年 7 月的第二周，我刚刚从国内回洛杉矶过暑假。本来天气也炎热，南加州已经多个月滴雨不下，每天艳阳天，赤日当空，落日前都热得不想出门。而案头工作堆积如山，书稿多，设计项目也排队等着做，因此整个暑假都没有计划旅游，每天在书房里写书读书。在网上看见通知，说是 UCLA 正在举办一个日本当代产品设计展。

　　记得我上一次看日本当代设计展，还是二十年前，在费城艺术博物馆举办的，叫做"1950 年以来的日本现代设计展"，再上一次就是 1980 年代，叫做"1700 年来的日本设计展"。二十多年间，日本设计变化很大，我虽然期间去过日本几次，对日本设计发展是了解却是支离破碎的。因此，看见这个展览的消息，我即刻就查了时间、地点，开车就去了。

　　UCLA 已经放暑假了，因此校园里停车比较容易，建筑与规划学院在学院的北门附近，面对很大的广场。走上台阶，左边一个展厅就是展览所在地"佩罗夫展厅"（Perloff Hall）。展览叫做"日本今日设计 100"（Japanese Design Today 100），用的是加州大学洛杉矶校区建筑和规划系的展厅。展览的全标题叫做"日本今日设计 100：日本当代设计观"（Japanese Design Today 100: The Designscape of Contemporary Japan），之所以叫做 100，就是选择一百件产品来反映日本当代设计发展的情况。

　　这个展览是由日本基金会（the Japan Foundation）组织的巡回展，洛杉矶是今年的展出地点，好像在洛杉矶之后，还要去旧金山继续展出。我个人很喜欢设计巡回展，早年斯堪的纳维亚设计、意大利设计在西方为人所知都是用各种巡回设计展达到宣传效果的。斯堪的纳维亚设计展曾经有计划地在美国 22 个城市展出，随后北欧设计就登堂入室，"宜家"成了大众市场的主流家具和家用品的国际品牌。日本基金会策划这个展览，也肯定有类似的宣传目的。100 件设计作品反映出日本设计的全貌，的确不容易。一般人很容易被日本的大设计项目吸引，比如 2013 年投入使用的新"新干线" N700 机车系列、本田公司 2013 年的商务喷气机、日产汽车 2009 年的 LEAF 轿车、SUZUKI 公司 2012 年的 R 型小面包车、丰田汽车公司 2009 年的 Prius 混合能源轿车，这些设计都是企业力量的体现，是日本持续的设计力量所在。

　　我很感触的是这个展览也展出了一些经典的作品，比如东芝 1955 年的电饭锅——世界上第一个电饭锅，它的诞生彻底地改变了亚洲人的厨房，至今影响了无数其他品牌；同样的，1959 年尼康生产的第一部 F135 旁轴相机彻底改变了照相的方式，之后佳能、奥林巴斯、索尼等等厂商都推出自己的相机系列，在世界摄影器材上占有重要的地位。1981 年索尼第一部 Walkman 则是开启了全世界随身听的音响设备先河的奠基作品，直到去年才停产，是我们这一代人记忆深刻的产品。

　　展览展出了几位日本现代设计奠基人的作品，柳宗理（Sori Yanagi,1915-2011）肯定是日本工业设计的第一人，他的作品无计其数，在这次展览上展出了他在 1997 年设计的不锈钢锅，一件他晚年时期的代表作品。渡边力（Riki Watanabe,1911-2013）是日本设计大师，被誉为是日本的查尔斯·伊姆斯（Charles Ormond Eames, Jr ,1907-1978）。他在 1956 年设计的好像神社一样的小藤凳放在入门的展台上，这是日本设计史上必须介绍的经典之作。展览还展出他在 2007 年设计的小钟，功能主义、简单得无以复加，被称为"世界最美丽的时钟"，获得日本设计大奖。他最广为人知的作品是一套纸箱家具，不使用钉子和胶水，小朋友特别喜欢。

　　荣久庵宪司(Kenji Ekuan,1929-) 在 1961 年设计的"龟甲万"酱油瓶（Kikkoman），也是日本工业设计的大作品，现在依然到处在用，影响力之大难以想象。荣久庵宪司是日本工业设计大事务所 GK 设计集团的总裁。1955 年毕业于东京艺术大学美术系工艺美术专业。1957 年成立 GK 工业设计研究所，并任所长。现任 GK 集团 12 个会社的会长，还任日本工业设计师协会理事、国际工业设计团体协议会 (ICSID) 顾问。

　　同样重要的经典作品有日本陶艺设计大师森正洋（Masahiro Mori,1929-）的作品，展出的是他在 1958 年设计的酱油小壶，有六种不同的釉色。他的设计生涯很长，从 1950 年持续到

渡边力设计的随身小钟

三宅一生的叠灯

2005年，也是日本一个重要的大师。

有很多产品是让人感到具有里程碑意义的，比如可以和德国"大众－甲壳虫"相比的日本大众型的微型小车是斯巴鲁360（Subaru 360），这是1958年推出的一款微型车，平易近人、价格低廉，车型代号K111。车长不及3m，却依然拥有双排座椅，再加上流线的外形，上市后立即受到大众的欢迎。这是工业设计师佐佐木达三（Tatsuzu Sasaki）设计的。斯巴鲁360的外观很像大众"甲壳虫"汽车，但很多细节却很像雷诺4CV。

另外一个里程碑式的产品是本田的Super Cub C100，在1958年推出，此后逐渐推广到全球，不仅作为商务用摩托车，同时也作为与人们生活密切相关的车型，在160多个国家畅销。当时，在以二冲程发动机为主流的摩托车市场上，第一代"Super Cub C100"有优异燃油经济性、耐久性的50cc四冲程发动机，同时采用各种独特设计，实现了划时代的外观。例如：便于上下车的低支柱框架，无须操作的自动远心离合器系统，装备大型的树脂挡泥板以避免泥水溅到腿上，同时减小行驶时的风阻等等。这些"Super Cub C100"特有的基本理念和设计风格一直传承至今。展览上展出了本田公司2012年出品的新Super Cub C110摩托车、山叶公司2010年出品的EC-03小摩托车、普利司通轮胎公司（Bridgestone）2011年出品的电动自行车、2013年出品的高端自行车（Helmz Sssd Sr1），这几种摩托车、电动车都是针对大众市场设计的，因此具有一种平易感，我看展览上有好多人在记录名称，在手机里查型号，估计是想买的。

日本时装设计家三宅一生（Issey Miyake,1938-）是国际时装界举足轻重的人物，他在2010年设计了一件用简单的折叠方式的服装，叫做"一号服装"（No.1 Dress），整件服装是一个方形折叠起来的纺织品，打开是衬衣、裙子或者裤子，是一个二维到三维之间的巧妙的转变，改变了服装设计的思路。设计事务所2010年的设计的纺织品模数单位的叠灯（Mougura），用三个纺织品做成的小"盒子"折叠而成，有趣而朴素。

日本设计受到传统文化的影响，往往追求极其简练（simplicity），这一特点应和传统的审美观有密切的关系，特别是和日本民宅中朴素的纵横窗格有密切关系。日本民族历来欣赏洁净、简朴，因此在接触到德国现代设计的时候能够毫无犹豫地拥抱它。简单设计延伸到色彩上，就是对简朴色彩的膜拜，黑、白、灰是在日本设计中采用最多的色彩。这样一来，在不少国家需下大力推进从传统到现代设计的过程，在日本则成为延展传统的一个过程，相对容易多了。这次展览中展出的中村好文（Nakamura Yoshifumi）在2007年设计的公共长凳是简单到非常纯粹的地步，建筑家吉村顺三（Junzō

Yoshimura,1908-1997）1996年设计的灯具，山叶（Yamaha）集团2012年出品的组合型音响设计，就是一个座子顶着一片方片，音响设备和喇叭均在其中，也是简单得无以复加。

典雅之极的设计，在这个展览中有不少，其中有两把典雅的椅子，感觉受到汉斯·瓦格纳"肯尼迪椅子"的设计影响，分别是村泽一晃（Murasawa kazuteru）在2004年设计的"皮皮椅子"（PePe chair）和藤森泰司（Taiji Fujimori）2011年设计的RINN椅子。而川上元美（Motomi Kawakami）在2008年设计的"步步椅"（Step Step）用三条腿构成一个很奇特的形式，也都很雅致。

日本设计传统之一是便携、微型、轻便以及多功能一体，这是出自日本国民的生存空间向来比较拥挤的原因。根据2014年6月的统计，日本人口数量为1.27亿人，是世界排名第10的人口大国。虽然按照人均面积来算，日本领土面积不算太小，但因山地、森林占了相当大的部分，平原面积有限。自江户时代以来，日本的生活方式已经逐渐从农村为主转移到城市为主，特别是明治维新之后，城市化水平越来越高，居住空间越来越拥挤。因此，从空间狭窄的生态条件出发，为节约空间起见，日本设计发展出一系列与众不同的特点来。

便携，是日本设计长期以来的亮点。工具、文具、日用品，皆有便携的特征。从传统折扇到1960年代索尼的"随身听"，都是体现了便携概念的典范。这次展览中两件日本传统家用品的现代设计非常有趣，一件是便携式的神龛（Altar Miki），2011年由花泽启太（Keita Hanazawa）设计，可以开合，好像一个竖着的小木盒子一样；另外一件是折叠屏风，1985年Karacho公司出品，均是可以折叠起来的，是日本这种便携、微型、轻便、多功能一体的设计特色的体现。

多功能化，与便携特点相关。一件产品具有多种功能，好像瑞士军刀一样，这是日本人追求的另一个设计特点。日本设计师山下真（Shin Yamashita）设计的纸板式多功能折叠式组合家居，可用来学习、办公、就餐、睡觉，简单而功能多变，就是一个很典型的例子。多功能设计在日本可以上溯到江户时期，甚或更早，是日本设计的一个重要传统。

紧凑性，因为要在有限的空间里实现多种功能，外形和结构的紧凑就成为必要条件。结合到传统手工技艺的运用（如折纸、拼木凳），日本特色的便当盒，就是一个很好的例子。微型化是日本设计的另一个重要特色。例如盆景在日本被发挥得淋漓尽致，就是一个例子。日本传统服装在腰带末端栓一个叫做"根付"（Netsuke）的装饰性小结，就是一系列超级微型雕塑的设计。战后城市拥挤，黑川纪章设计了外观像船舱的微型公寓，如同积木一样堆砌起来；日本的胶囊旅馆，小到好像一个鱼雷管一样，却应有尽有。这种微型化的设计，日本在全世界领域具有领先地位。

受到灾害的影响，特别是最近几年发生在日本的大地震和海啸事件影响，日本很多设计师都转向设计救灾有关的产品，也设计各种用废旧材料、再生材料制作的产品，这是一个影响全球设计界的潮流。在展览上，我看到了著名的石卷工坊（Ishihomaki laboratory）设计的救灾用的长桌、折叠桌架，简单而实用，朴实无华。

服装设计师津村耕佑（Kosuke Tsumura）1994年设计的特殊服装"家一号"（Final Home"Home 1"，A-net公司出品）急救外套是为救灾使用的，这件松松垮垮的服装有好多口袋，防水耐脏，口袋可以装许多携带的东西，晚上如果冷了，可以把随手找到的各种抵寒的东西，比如树叶、杂草等等塞在口袋里，形成一件保暖的外套，急救外套用显眼的橘红色面料，容易从远处识别。

急救的头盔与防毒面具一般体积都很大，而这一次看到森田法胜（Norikatsu Morita）设计的一个叫做Tatamet BCP的折叠防毒面具，折叠起来只有33mm厚，对于急救人员来说，是非常方便随身携带、方便使用的工具。他之前一直在设计折叠式头盔，不但便于随身携带，而且抗震能力与普通工人的头盔相当。

梅原诚（Makoto Umebara）在2003年设计的废报纸手提袋（Shimato newspaper bag），是一个废旧材料重复使用的最好的例子，而手提袋也很时尚、好看。

而京都的"新美学"派室内设计师绪方慎一郎（Shinichiro Ogata）在2008年设计的Wakara一次性纸碟纸杯系列虽然廉价，却具有日本传统工艺的典雅，朴素而经典，很多小设计都让人忍俊不住：Torafu建筑事务所设计的用纸线构成的废纸篓（Fukunaga印刷厂出品），Marumo印刷公司出品的叠纸式的教学地球仪，2010年由Combi公司出品的各种好像玩具一样的儿童奶瓶系列（teteo Mug series），奶瓶、奶嘴都设计成有趣的形象，能够在喂奶的时候增加趣味感。如此种种，非常让人喜欢。

100件产品展示了一个国家的设计发展情况，感觉十分充实。

看完这个展览，我开车回家的路上一直在思考日本人的审美原则。日本的传统设计是一个历经两千多年积累而形成的文化综合体。哲学家九鬼周造（Kuki Shuzo,1888-1941）曾对日本的审美历程做过总结，他说，"日本在上古的大河、奈良时代崇尚的是'诚'，在文学作品中表现为自然描述人类的心灵与思想；中古时代（平安时代）占主流的是'物哀'（mononoaware，もののあわれ），意识到大自然的审美存在，人因物而感动；到了中世的镰仓、室町时代由于受到佛教的影响，'幽玄'成为日本审美思想的主

流，并发展成为后来的'侘寂'；江户时期以游里为舞台，媚艳风格逐渐形成，此为'粹'的审美意识。"我觉得这个总结很尖锐和准确。其中"物哀"、"侘寂"和"粹"分别是日本审美的三个源泉，在展品中均得到反映。

物哀是日本平安时代重要的文学审美理念之一，相当于中文里的触景生情。"物"（mono）是认识感知的对象，"哀"（aware）是认识感知的主体，感情的主体，"物哀"，就是二者互相吻合一致的时候产生的和谐的美感。人在接触外部世界时，感物生情，心为之动，有所感触，这时候自然涌出的情感，或喜悦、或愤怒、或恐惧、或悲伤，或低徊婉转、或思恋憧憬。有这样情感的人，便是懂得"物哀"的人。

雅（Miyabi）是日本比较早就形成的审美原则，强调轻盈、浅淡、雅致，和英语中的"elegance"、"refinement"、"courtliness"比较接近。

侘寂（Wabi-sabi），一种以接受短暂和不完美为核心的日式美学观念。日本的艺术和设计审美中贯穿着侘寂之美：不完美、无常、不圆满、残缺……日本陶瓷中有很多都是随意性强烈的非完美形式的作品，质朴而苦涩；日本平面设计中也时常可以看到这种清寂、纯粹、苦涩的表现。不过这两个词也可以延伸而指朴素、寂静、谦逊、自然等。

粹，日文原文是"粹"，读iki。这是日本的一种世俗审美观。日本思想家九鬼周造在《"粹"的结构》一书中，从哲学的高度对"粹"这一审美意识进行过详细解析。他认为"粹"包含三个本质要素：媚态、自尊和达观。其中媚态以肉体性为先导，构成粹的实质性内容。

涩，日文汉字写成"渋"，指苦涩之中的美，最主要指不完整的美。日本设计精神境界的高度在于朴实、寂静、不完美、纯粹、涩中品位、以及苦尽甘来的美。日本民间艺术专家、"民艺运动"发起人之一的柳宗悦（Yanagi Sōetsu,1889-1961）对日本"涩之美"的诠释是，"在手工艺创作中，将十二分的表现退缩成十分是涩的秘意所在，剩下的二分是含蓄的东方之美。"因为涩不是喧哗而是静默的态度，所以"不言之和"与"无闻之闻"即是涩的精神所在。手工的创作总会有一些不自由性，受到工具、材料在某种程度的限制，以手感的自由与随性所创造出来的物品，往往会产生参差不齐的痕迹，而无法像绘画那样，收到拟真的、相对完美的效果。柳宗悦强调了涩之三部曲是：余、厚与浓。

序破急（Jo-ha-kyū）通常是用来描写日本音乐结构的。"序"、"破"、"急"，有点类似中国的"起"、"承"、"转"、"合"，是一种创作架构。这个格局也沿用到日本艺术与设计的各个方面，将创作过程分为序、破、急三部分：序言、破题与急就。如果细心观察，可以看到这个与众不同的审美架构，在日本的建筑、规划、工业

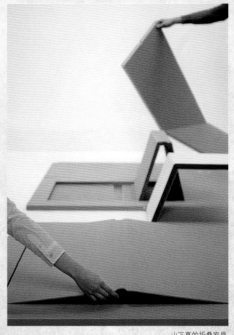

山下真的折叠家具

产品设计、平面设计、电影、动漫画、文学作品、诗歌、音乐、戏剧创作中不断出现，是日本艺术和设计创作的一个特色。

幽玄（Yūgen）是日本最古老的审美原则之一，受佛教的影响，兴起于日本镰仓、室町时代，"幽玄"成为日本审美思想的主流，并发展成为后来的"侘寂"。

日本民族讲究精益求精，非常重视技艺之术，称之为"芸道"（Geidō），在演艺界是能剧（Noh），插花成为"花道"（kadō，日文：華道），书法称之为"书道"（shodō，書道），茶有"茶道"（Sadō），陶瓷制作有"烧物"，日本的审美观念就贯穿在这些"道"之中，并且从古代一直贯穿到现代的汽车设计、工具和家具设计、电器设计、数码设计、动漫画等各类设计中。**END**

森田法胜设计的便携式防毒面具

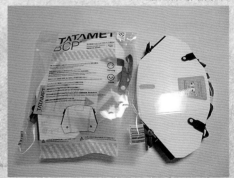

斯巴鲁360型汽车

# 乡土建筑：自下而上的建筑实践

撰 文 | 刘匪思

按照官方解释，乡土建筑是民间自发的传统风土建筑。今天，建筑学领域提到这个词，更多地会引入地域主义和新乡土主义。沿袭千年文化的中国传统建筑总能带来无限遐想，寄寓志高远。自然，带着这份情怀进入中国现实社会的农村，免不了体验一把被现实击得粉碎的无可奈何。

在各类新媒体的冲击下，农民对于现代生活的想象，与城市人去农村寻找归隐田园的理想，形成两股拧成死结的情感。甚至在更宽泛的社会话题领域，人口密度高度上升的沿海地区与日渐老龄化的中西部，以及以此造成的就业、城乡生活方式冲突、异地高考的争议等等延伸话题，几乎是所有生活在中国的居民正在经历的现实。

建筑学是关乎营造人们生活方式理念的学科，而建筑师则是一群带着超现实与未来感看待当下现实话题的一群人。对于国外建筑师而言，乡土建筑的概念被地域性的话题所取代。他们考虑的是怎么在不同的自然环境中，建造为雇主度身定制的住宅；或是为了援助某地，提供必需设备、人员服务的场所。或许建筑师在设计与建造过程中也会处理微妙的社会现象

或文化背景差异之类的问题，但相对发生在他们中国同行身上的事情而言，项目建造过程简洁明了且图片效果"美好"得多。

在中国，接受本次专题采访的建筑师在面对"乡土建筑"这个话题时，都提出各自的质疑，无论是换成"在地性"的说法，或是强调"自下而上"的改变思维。他们一致认为当下伫立在农村的建筑们，需要农民自己意识到问题出在哪里，然后，改变就会悄然地应运而生。

同济大学创意设计学院院长娄永琪，早在2007年，就在崇明仙桥村着手调研，从基层寻找让设计思维进入并影响农村的契入点。除了夏令营营员参与建造过程之外，用"设计与当地产业相结合，让一系列的事件来改变当地，让水土（年轻人）不流失"。在这个思维影响下，当年参加项目调研的年轻人在此选择了一栋民居进行改建成民宿"禾井"。至今尚未广泛宣传的情况下，不少住客慕名而来。原本只剩下老人与小孩的仙桥村，今天成了一处"城里人"都愿意来住上几天的地方。

建筑师王灏在老家春晓镇开始的建筑实践，有趣地将中国农村典型的社会关系——"亲戚"延伸到"甲方"的领域。未来，春晓镇将

有10栋王灏设计的民宅伫立而起。让当地村民"帮忙"造房的经历，对于任何一个建筑学科班出身的建筑师来说，都是一份独一无二的体验。

在中国美术学院建筑系担任教职的陈浩如，则将为农民造房的实践推进至为农村生物造房。这不只是概念的推进。在采访过程中，就曾遇到过因为影响"美丽乡村"的清新芬芳，某个村民不得不放弃赖以为生的养猪职业，猪圈不得不拆除。建筑师参与的猪圈改造，不仅是在中国农村引进动物权利的概念，而且在不影响清新空气的情况下，让彼此和谐共处。这也恰恰说明了建筑师专业素养对于改造现实的潜力所在。

除此以外，当下也有不少更年轻一代的建筑师意识到农村的潜质。比如《室内设计师》之前报道过的亘建筑，在莫干山现场两年多的经历，让主持建筑师孔锐认为"乡土建筑这个概念是不平等的提法"，他是去现场学习当地建造经验的，"只是刚好该项目坐落在农村而已"……如此种种，更让我们意识到有关乡土建筑可以深入的话题还很多。我们也在期待，越来越多的建筑师参与到这个话题的实践中。END

# Boa Nova 茶室
# RENOVATION OF BOA NOVA TEA HOUSE

| 撰　　文 | 阿尔瓦罗·西扎建筑事务所 |
| 摄　　影 | Joao Morgado |
| 资料提供 | Joao Morgado |

| 地　　点 | 葡萄牙马托西纽什市Leça da Palmeira |
| 面　　积 | 约200m² |
| 建 筑 师 | 阿尔瓦罗·西扎 |
| 始建时间 | 1963年 |
| 改建时间 | 2014年 |

1956 年，马托西纽什市举办了一次创意建筑设计竞赛。当时，葡萄牙建筑师 Fernando Tavora 力克群雄赢得了此次比赛。获得政府的支持之后，Tavora 就开始选择了位于 Matosinhos 海岸峭壁的地点作为建筑的基地。之后，因为种种原因，Tavora 将这个项目移交给他的合作伙伴阿尔瓦罗·西扎。这个项目结果成了西扎本人从业经历中最早的建成项目之一。茶室所在地，亦是建筑师自己的家乡，小镇附近的农村与海岸线都是他熟稔的日常生活场景。

20 世纪 60 年代的建筑氛围要求一个项目的诞生必须与当地的环境形成静谧的联系，而这个坐落在葡萄牙海岸边的建筑物无疑也必须考虑到这个关键要素。当时，西扎通过分析当地天气与潮汐的数据、现有的植物以及岩石分布情况以及与海岸线旁的街道以及街道所在的城市之间

联系，在这个独一无二的海岸边缘创造了这栋拥有无敌风景的茶室。这个项目与 1966 年的 Leça 泳池项目十分相似，茶楼距主大道约 300 米，人们必须从附近停车场经由平台和阶梯来到由低矮房檐和本区特色巨石组成的入口处。这个由白石铺就、两边矗立着白色混凝土墙的蜿蜒人行步道时而将大海和水平线隐藏起来、时而完全展露，生动地呈现出一幅动态图景。

建筑西面的餐厅和南面房间建于岩石之上，与两层高的中庭及楼梯连接起来，上层设有入口。厨房、储藏库和员工区域位于建筑后部的半地下室，只有一扇窄窄的窗户和瓷砖贴就的桅杆式烟囱来强调它们的存在感。两个主要区域围绕海湾开放，形成了蝴蝶状的平面，其外墙依照天然地形建筑。

茶室外露的混凝土基层上设有落地窗，而餐厅则完全采用玻璃墙壁，由此可到达室外高地。两个空间内的窗框都可以下滑到地面下方，只留下长长的屋檐和连续的顶棚。在夏天，这种别具一格的设计带来了奇妙的效果，人们可以直接从餐厅走向海洋。此时，建筑物似乎消失不见。

在改建过程中，建筑师沿用其早期作品的风格，采用了多种不同的材料：白色灰泥涂抹的砖墙、西立面外露的混凝土柱以及墙壁、天花板、框架和家具大量使用的红色非洲缅茄木（Afizelia）。外部，突出屋檐外表为镶有铜皮的长木板。混凝土屋顶上覆盖着罗马赤陶瓦，顶棚为木质结构，翻修工程保留了所有的原始特征。除了屋顶、建筑内外的木质结构、窗框、门框以及混凝土墙壁之外，由西扎设计的家具也根据当时的原始设计及材料进行了重新制作。目前改建后的茶室已经正式对外开放。END

1　外观

2　入口处设计

3　从茶室到海滩的过渡

1
2　　3

1　外观

2　入口处设计

3　从茶室到海滩的过渡

| 1 | 2 | 4 |
| 3 | | |

1-3　重新改建后的茶室
4　改作餐厅后的室内格局

# 春晓镇的建筑实验
# THE ARCHI-EXPERIMENT IN CHUNXIAO TOWN

| 撰　　文 | 塔耳 |
| 摄　　影 | 刘晓光建筑摄影工作室 |
| 资料提供 | 佚人营造建筑师事务所 |

| 地　　点 | 浙江省宁波市北仑区春晓镇 |
| 建筑面积 | 约250m² |
| 场地面积 | 约220m² |
| 结构设计 | 洪文明 |
| 设计团队 | 佚人营造建筑师事务所 |
| 施工团队 | 本村老泥匠及村民 |
| 设计时间 | 2010年 |
| 竣工时间 | 2013年 |

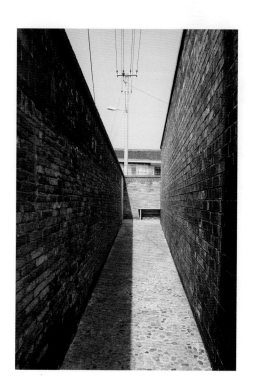

微博繁荣时代，一则被转发上万的微博称在宁波发现了"柯布西耶"。这个引起当时无数讨论的话题制造者，正是建筑师王灏。当时，他刚从德国斯图加特大学硕士毕业回国。而在此之前，本科毕业于同济大学建筑系的他已在设计院工作了多年，参与了不少大型项目设计。选择回到乡间造房，对王灏而言，是自然不过的事情。他的老家就在宁波北仑港春晓镇，引起多方关注的"柯宅"正是他为表弟建造的婚房。而春晓镇上生活的人大多姓王，都是与王灏沾亲带故的族亲或是同学。

时隔多年，王灏再看当时的建造实践，觉得"一看就是城市建筑师造的房子"，"换做现在设计，会处理得更收敛一点"。然而，那栋出格的建筑引起的反响，却是王灏开始反思当下中国青年建筑师处境的起点。这也是他为自家在春晓镇老宅谋划改建的缘起。

"中国青年建筑师在乡土领域大有所为，但我认为乡土建筑这个词太大，我只能说我是去做农民房的建筑师，不能讲我是城市建筑师去做农民房"，王灏认为位于乡村的民居给予建筑师无限的可能性。这栋自宅，他花了一整年时间琢磨改建方案，从开始动工起，他几乎一直在工地现场与帮忙造房的村民比划怎么建造，说服帮工接受他的"超现实"想法。"过去造房子有伦理，村里最聪明的人造什么房子，村民就造什么房子。现在是万科造什么房子，村民造什么房子。农民的学习途径改变了，没

有专业人士指导，学到的都是最商业的东西。"王灏将这样的磨合过程称作"在地"。除了建造房子，他认为，在地性还应包括建筑师为民居设计的家居，甚至五金铰链等细节，最终抵达以自下而上方式影响当下"农民房"审美及合理改善功能的趋势。

自宅的设计方案属于王灏在春晓镇的建筑实验中最为游刃有余的项目，一是为自己家设计，可以省了说服这关，二是在这个项目的设计方案上，王灏的设计思路刻意地进行了几处生活方式角度的新探索。建筑由两部分组成，保留了原址的部分老墙，王灏特别指出入口处的墙，是他父亲当年一手砌砖造起来的。新建部分一律采取裸露红砖的形式，按照他的说法，"梁柱和楼板、墙的结构关系可以被'表现'"。而客厅一角的天井，被设计成中国传统建筑中"中堂"的形制，配合宽敞的红砖制客厅家具，俨然是传统文人画的场景。以至于有朋友戏谑地为此场景绘制了一幅身穿儒服的老年版王灏在此悠哉生活的水墨画。

目前，自宅的模式还只是"半成品"，王灏还有无数个点子计划在不远的未来实施。春晓镇的其他角落，还有几处房屋正等待王灏"动手"建造。未来，或许春晓镇上出没的陌生人会更多，慕名而来看建筑的人是否会引起村民改建自宅的想法。就像是蝴蝶效应原理所揭晓的，一切都是未知。 END

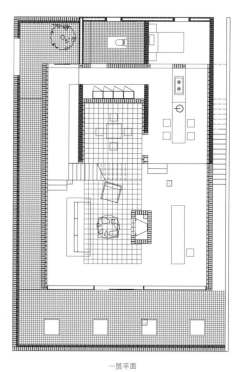

一层平面

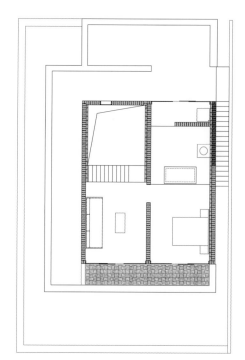

二层平面

| 1 | 3 | 4 |
| 2 | 5 | |

**1-2** 敞开式的内部空间

**3** 楼梯与墙的关系

**4** 平面图

**5** 红砖与水泥地板构成屋内的两种色泽

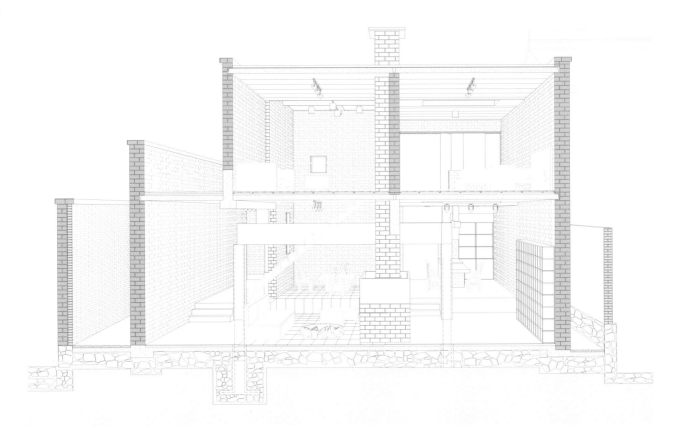

| 1 | 4 |
|---|---|
| 2 3 | 5 6 |

1　剖面图
2　餐厅
3　透过餐厅看天井
4-6　二层室内实景

# 武夷山竹筏育制场
# WUYISHAN BAMBOO RAFT FACTORY

| 撰　　文 | 白申冰 |
| 摄　　影 | 苏圣亮 |
| 资料提供 | 迹·建筑事务所（Trace Architecture Office） |

| 地　　点 | 福建省武夷山星村镇 |
| --- | --- |
| 面　　积 | 16 000m²（制作车间1 519m²，办公及宿舍楼1 059m²） |
| 设计单位 | 迹·建筑事务所（Trace Architecture Office） |
| 主持设计 | 华黎 |
| 项目团队 | 华黎、Elisabet Aguilar Palau、张婕、诸荔晶、赖尔逊（驻场建筑师）、Martino Aviles、姜楠、施蔚闻、连俊钦 |
| 业　　主 | 福建武夷山旅游发展股份有限公司 |
| 类　　型 | 工业建筑 |
| 设计时间 | 2012年 |
| 竣工时间 | 2013年 |

当现代的生活方式和建造方式以摧枯拉朽之势，改变了中国乡村的经济结构、生活方式和建筑面貌，"乡土"一词在建筑上变得如此鸡肋。除了在立面上堆砌已经失去它原有匠人的材料，强调它是"乡土"的；和牺牲功用合理性与居住舒适性，强行恢复"乡土空间"这两条穷途陌路，难道再无路可走？迹·建筑事务所（Trace Architecture Office）在设计策略上的诚实，让返璞归真的工业建筑沁出乡土的气息。

### 背景

作为世界自然和文化遗产的武夷山每年吸引着大量的游客，九曲溪竹筏漂流是旅游的一个重要项目，一年接待游客可达 120 万，带来巨大经济收益。竹筏是排工的饭碗，又易腐易损，竹筏制作产业遂在九曲江沿岸兴盛。业主武夷山旅游公司欲改善小作坊分散污染之态，建立一处集中的竹筏生产场所。

### 场地

建造的地域性在工业化下模糊不清：虽有令人印象深刻的竹木构造，混凝土浇筑体系在当地已经很普遍了；绑扎竹筏用铁丝代替了绳索。事务所最终还是遵从合理、符合规范和降低造价的原则，考虑用钢筋混凝土现浇体系以及非常便宜的混凝土空心砌块作为主要材料。

建筑三部分：毛竹仓库、制造车间和办公宿舍楼。

### 毛竹仓库

存放 22 000 根 9m 长毛竹的仓库，要防止竹子腐烂发霉，通风最为重要。毛竹的排列在平面上与主导风向一致，与建筑主轴形成一个角度，同时减小了建筑的进深，改善内部采光。毛竹的排列方式自然衍生出建筑立面的做法——对应毛竹存放单元序列用立砌的空心混凝土砌块墙形成折线锯齿状的通风外墙（不需保温），保证风进入每个单元沿着竹子缝隙穿过。

竹子仓库通风墙模型

### 制造车间

制造竹筏的三道工序：弯尾、弯头、绑扎。三道工序垂直于毛竹方向并列在一起，传递距离最短。毛竹在烧制中还需前后移动，因此，车间形成了一个进深14m的大跨度空间。在长向上则根据工作单元的数量灵活组合。烧制时因为有明火，并不需要太多自然光，暗环境反而利于专注；绑扎则需明亮。因此烧制区域为层高3.6m的平板顶，毛竹准备区和绑扎区则用高侧窗引入天光。在平面上，则区分出服务和被服务空间，主工作空间是一个14m跨的无柱空间，成为被服务空间，它的一侧是进深约3m的休息区作为服务空间。

车间内因为有松木燃烧明火造成的大量烟气，斜屋面高出部分的两侧采用立砌的空心砌块来实现进深风向上的自然通风，而且夏天可以带走积聚在上部的热气起到降温的作用。车间无需保温才使得这种通风方式可行。而结构的直接外露也来源于此。建筑屋面采用了架空隔热屋面做法，应对当地的炎热气候。

### 办公宿舍楼

建筑主体采用素混凝土结构和混凝土砌块外墙，屋面采用水泥瓦，竹、木作为遮阳、门窗、扶手等元素出现。过去当地施工习惯于现场搅拌混凝土，这是第一次使用商混，流动更快，加之斜屋面施工，浇筑和振捣的控制都有难度。施工也体现了工业化程度参差中的人工：本应按模数精确对位的砌块墙因为加工尺寸有误差，工人没有意识到用砂浆的宽度消化误差，最终误差累计用砍砖来"填空"。

让我们援引主持建筑师华黎的话作为尾声吧："工业建筑往往因为功能性和经济性的诉求而回到更加关注建筑本体问题，设计只是从需求推出的自然结果。朴素不自觉地成为对消费时代里建筑往往背负过多本冗余意义这一现象的抵制，'乡土'只是形式结果，而建造的过程：建筑只代表它自身，而非它者。" END

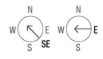

竹子晾晒场
现状建筑物
新建建筑

| 1 | 2 | 4 |
| 3 | | |

1 从西南面茶山远看
2 总平面
3 风流分析
4 斜屋面下的高空间（小车间）

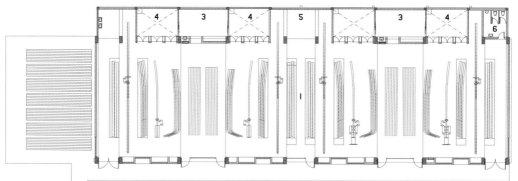

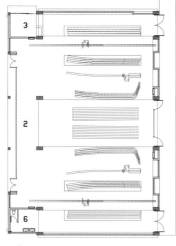

1　制作车间（大）
2　制作车间（小）
3　休息间
4　室外庭院
5　制作区
6　卫生间

1　竹筏车间平面图
2　休息区
3　大车间室内朝东侧休息区看
4　竹筏车间剖面图
5　大车间室内

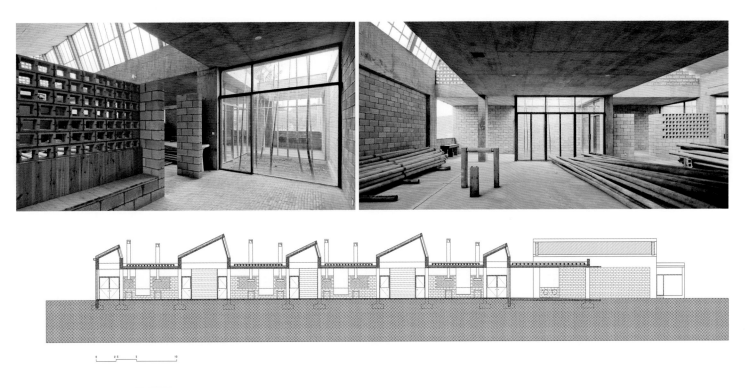

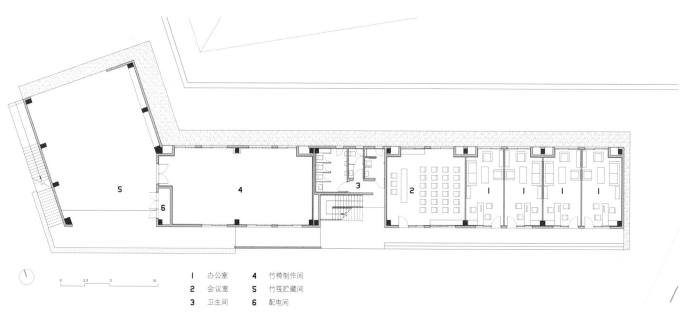

| | | | |
|---|---|---|---|
| 1 | 办公室 | 4 | 竹椅制作间 |
| 2 | 会议室 | 5 | 竹筏贮藏间 |
| 3 | 卫生间 | 6 | 配电间 |

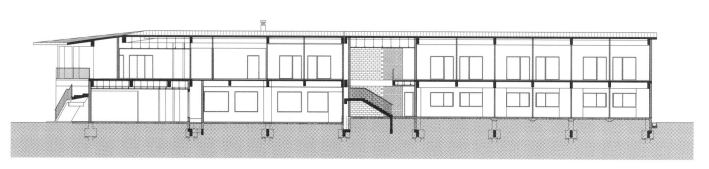

| 1 2 3 | 4 |
|---|---|
|  | 5 6 |

1　办公楼西面外观
2　办公及宿舍平面图
3　办公及宿舍剖面图
4　办公楼南立面局部
5　木模板在混凝土柱上留下的痕迹
6　外廊

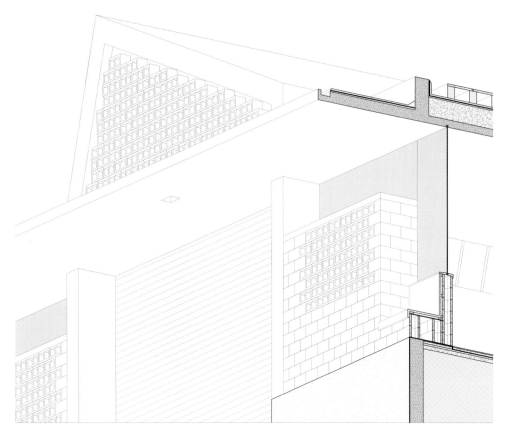

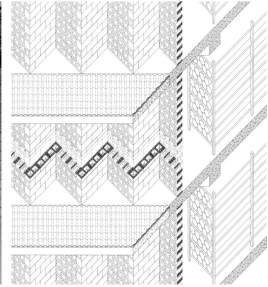

# 沙丘之宅
# DESERT COURTYARD HOUSE

| 撰　文 | facade |
|---|---|
| 摄　影 | Bill Timmerman |
| 资料提供 | Wendell Burnette Architects |

| 地　点 | 美国亚利桑那州Scottsdale市 |
|---|---|
| 面　积 | 7 200m² |
| 建筑设计 | Wendell Burnette (Principal-in-charge of Design), |
| | Thamarit Suchart (Project Manager/Chief Design Collaborator), |
| | Jena Rimkus, Matthew G. Trzebiatowski, Scott Roeder, |
| | Brianna Tovsen, Chris Flodin, Colin Bruce |
| 承包商 | The Construction Zone, Ltd. |
| 工程设计 | Debra Dusenberry Landscape Design(景观设计)；Rick Engineering(土建)； |
| | Kunka Engineering, Inc.(机械工程)；Ljusarkitektur P&O AB(照明设计)； |
| | Wardin Cockriel Associates(声效) |
| 竣工时间 | 2013年 |

建筑所在的区域是一片花岗岩与沙漠的贫瘠土地，周边唯一的绿色植物即是仙人掌。建筑师在谋划这个建筑物之初，花费最多的精力用在研究场地上，他们认为提供一个恰当的入口设计，如同赋予建筑物灵魂一般的重要。最终，建筑物坐落在拥有广阔视野的山脉旁，每当落日时分，夕阳的光芒会投射在建筑物的入口处，形成沙漠之宅的独特氛围。

参观者一旦穿过入口进入这个空间，会有种仿佛进入沙漠绿洲的错觉：在建筑物的中间，建筑师设计了一方灵感出自禅宗的枯山水花园，用建造时的花岗岩废料搭建而成。位于花园东部的泉水，则让人感到沙漠中的丝丝凉意。火山岩与大型仙人掌，都成为花园中的神奇景观，要知道在自然氛围中，这两个事物是无法共存在同一个空间中。在这些组合中，一个宁静的

沙漠庭院就此展现。在此居住的主人对庭院的气息尤为推崇，因为它给予居住其中的人们新鲜空气、别致的光影组合、以及特别的生活形式，它所具备的的自然力量则与居住在此的人类形成一种张力。这也令建筑师开始反思，"是否就连院墙本身也可以从地形中自然生长出来，甚至只有进口，不另设出口？"

在进行土质鉴定时，因为沙漠的特殊限制，目前建筑物所在的区域是唯一适用于夯土建筑的。这个建造住宅的古老方法，最后成为建造这栋建筑物的主要手法，除了必要的基础建筑以外，用夯土的方式营建大部分的围墙、位于院子中的钢琴工作室，等等。"形成土地与天空的对话"，建筑师的想法最终得到实现。

考虑到与周边环境的契合，建筑物的墙壁、底边、顶棚、坡道、甚至位于户外空间的家具，

都作为体验沙漠与石头的重要组成部分。暴露在空气中的材料：砂砾、碎石以及水泥都在向人们揭示，"沙漠并不遥远，甚至就在一窗之隔的地方"。墙面一律采用向内倾斜的方式，来抵御最热时期的阳光，并且在其他时间形成记录太阳运动轨迹的阴影。大面积整体建筑元素的运用是该住宅的主要特点，这里有绵延的中空墙壁，反光玻璃墙，也有接连空间的裂纹墙壁。从院落到建筑空间，再到手眼接触到的每一个细部都充斥着粗糙与细腻的混搭元素。墙面上向外的开口含蓄地透露着住宅内部的秘密，尤其在夜晚，光面钢板顶棚上的狭长裂缝中安装了星星点点的灯具，在偌大的空间内营造一种空无感。在沙漠的天空下，存在着这方居住空间，建筑师称，"这样不屈不挠的组合，构成了原始生态沙漠的微缩景观。"

1 从室内看庭院
2 外景

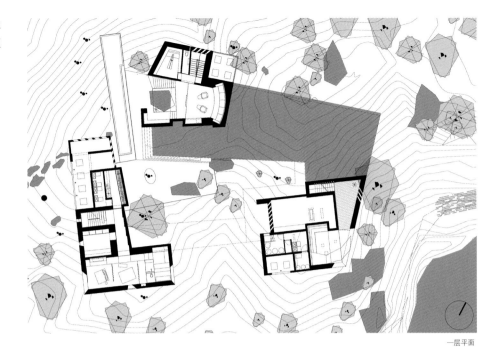

一层平面

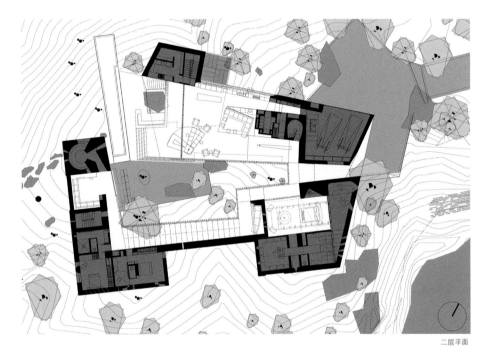

二层平面

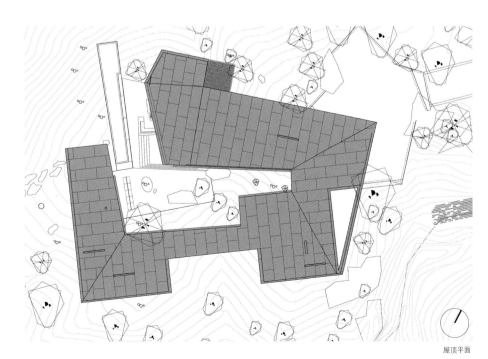

屋顶平面

1　平面图

2-3　建筑物入口

4　沙漠绿洲的小花园

| 1 | 3 |
|---|---|
| 2 | 4 5 |

1　室内与室外的关系
2　墙与窗的衔接
3　可以全部打开的窗
**4-5**　明暗关系是建筑师最看重的方面

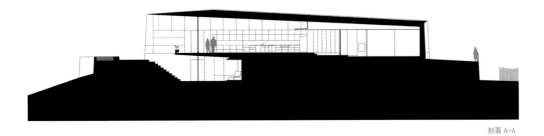

剖面 A–A

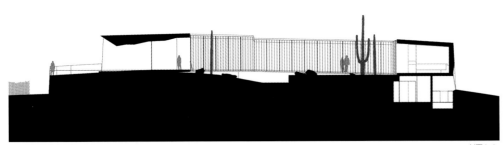

剖面 B–B

| I | | 3 |
| 2 | | 4 5 |

I　剖面图
2　镜面效果大理石台
3-5　建筑细节

# EL Guadual 儿童中心
# EL GUADUAL CHILDREN CENTER

| 撰　　文 | Daniel Joseph Feldman Mowerman & Iván Darío Quiñones Sanchez |
| --- | --- |
| 摄　　影 | Ivan Dario Quiñones Sanchez |

| 地　　点 | 哥伦比亚Villarrica, Villa Rica, Cauca department |
| --- | --- |
| 面　　积 | 1 823m² |
| 建 筑 师 | Ian Padrino, Presidencia de la república de Colombia, Alta Consejería Presidencial para Programas Especiales |
| 建 造 商 | Fundación Compartir |
| 竣工时间 | 2013年 |

作为哥伦比亚青年战略整体的一部分，Daniel Feldman 与 Ivan Quinones 在哥伦比亚的 Villarrica 创建了一座名为 El Guadual 的儿童中心。整个项目从筹集资金、建造完成以及最后的调整一共耗费三年时间，运作项目的 160 万美金投资均来自全球慈善项目以及个人的捐赠。儿童中心的建造一共持续了 9 个月，参与建造的成员来自当地施工队以及同样受惠于哥伦比亚青年培养战略的女帮工。

在 1 823m² 的场地中，这栋儿童中心一共拥有十间教室、一个食堂、一系列室内和户外休闲区、半私人的艺术空间、急救室、行政办公室、菜园、水景、公共剧院以及市民广场等空间。建筑师在规划这一系列空间的时候，考虑到未来将为 300 名 0~5 岁的儿童、100 名孕妇以及 200 名新生儿提供从食物、医疗到教育的一系列活动空间。

整个项目完全使用耐久材料、洁净水源以及清洁能源，因此整个项目是一个低技术含量的环保型建筑。建筑的室内阳光充足，通风良好，因此，学校无需再配备巨大的供热通风与空气调节系统。具有纹理的混凝土墙壁能够吸收热量，从而保持室内空间的凉爽。此外，多层的屋顶能够减弱阳光对室内空间的影响。设计师们采用当代的方式进行植物景观设计，对当地传统的植物景观造型进行了重新审视。这种设计方案不但充分的利用了当地元素，而且还对附近的河床起到了保护作用。同时，老师们将他们收集的废旧瓶子戴在竹质栅栏的顶端，为其进行装饰与点缀。这种设计能够收集雨水。收集的雨水可以用于园艺和日常维护。而且，孩子们和游客们也能有机会见证雨水收集和利用的过程。在利用收集来的雨水的过程中，孩子们能够与整个收集系统进行互动，因而，这一过程又变成了一项娱乐活动。

课堂中含有各种障碍以及多变的因素，使整个教学过程变成了一个充满挑战与乐趣的互动体验。这些设计参考了 "Reggio Emilia" 教学系统。"Reggio Emilia" 教学系统是一个使用数据构成的心理理论模型。比如 Lev Vygotsky 与 Jean Piaget 将证明孩子们的想法能够主导他们的学习，而他们的想法极大程度上取决于他们与他人及周围环境之间的关系。因此，设计师们通过使用山丘、桥梁、楼梯以及滑动门窗将配对的空间连接起来，从而通过建筑物营造一种促进决断思维以及个人发展的氛围。END

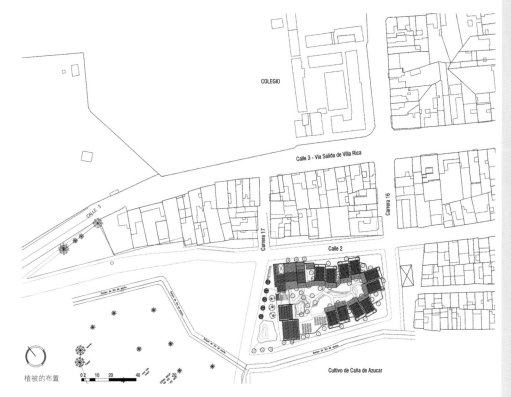

1-2　针对科伦比亚青年培养计划的中心
3　立面现场照
4　总平面
5　利用当地建造方式砌起的围墙

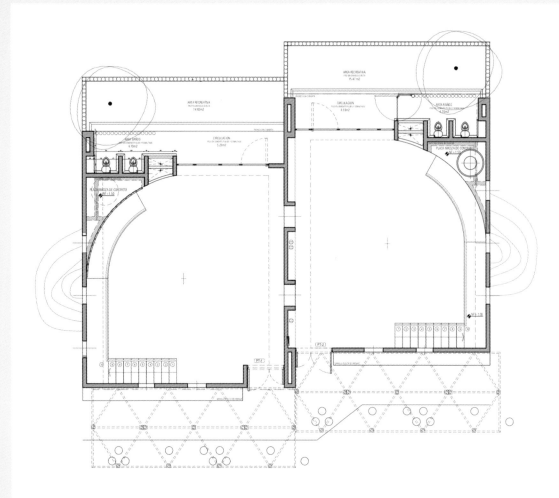

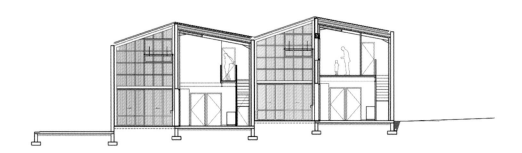

| 1 | | 5 |
|---|---|---|
| 2 | | 6 |
| 3 4 | | |

1　平面图
2　剖面图
3　室内
4　墙面
5　剖面图
6　参考 Reggio Emilia 教学楼系统设计的空间

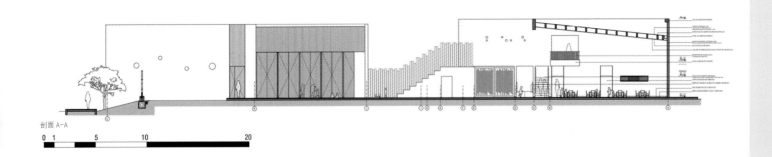

剖面 A-A

0 1　　5　　　10　　　　　　20

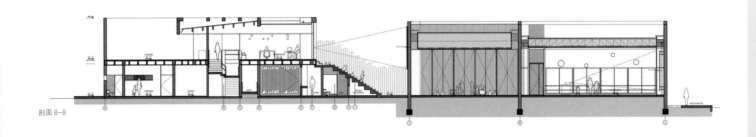

剖面 B-B

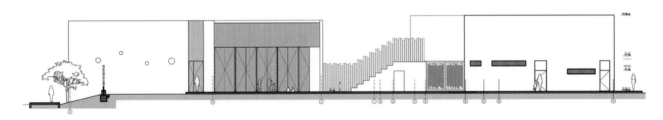

剖面 C-C

# 乡野的呼唤
# NATURAL RECONSTRUCTION OF A VILLAGE

| | |
|---|---|
| 撰　　文 | 陈浩如 |
| 摄　　影 | 吕恒中 |
| 资料提供 | 陈浩如工作室 |

| | |
|---|---|
| 项目名称 | 临安太阳竹构猪圈 |
| 地　　点 | 杭州临安市太阳镇双庙村 |
| 用地面积 | 380m² |
| 建筑面积 | 261m² |
| 项目建筑师 | 陈浩如 |
| 设计团队 | 谢晨云、马成龙 |
| 建造团队 | 罗澍青（工程负责） |
| 特别顾问 | 吴荣贵 |
| 结构顾问 | 何蓓 |
| 甲方负责 | 陈卫（太阳公社） |
| 建筑材料 | 青竹、溪坑石、茅草 |
| 设计时间 | 2013年 |
| 竣工时间 | 2014年 |

在日渐污染的城市大环境中，生态化的农村不仅输出洁净的食品，更同时成为城市人回归乡野参与农作之场景。原竹、茅草等自然材料由农人收集，和城市人合作，集体搭建出新农村需要的系列构筑，并在过程中重建当地的经济和手工业。并非永恒，自然建造却使新农村生活变得更有"可持续性"，为新乡村的社会实践提供几种建筑的范本。

建造的第一个房子是农场的畜舍，猪圈。这是位于一处僻静小山谷内的牧场，计划放养一百头猪。以轮牧的方式保护饲养环境，并搭建一座可容纳一百头猪的临时畜舍，需要不占用农田的同时降低造价。

我首先考虑的是材料的匮乏和充沛。在距离工业区遥远的乡间，工业材料需要长途运输才能到达山区，而当地自然材料却极为充沛。在遍布山谷的溪流中埋藏着厚达几米的卵石堆，这些产自远古的卵石常常被运到城市中作景观工程，早年曾很价廉，近年价格快速上升，在乡间却随处可见。同样遍地可见的是山前屋后的毛竹，本区域和邻县安吉一样盛产毛竹。竹的种类和品质却会因土质的不同而发生很大的变化。不远处的余杭铜陵因其土地富含铜矿，产出的苦竹有特别的音质，因而成为著名的竹笛之乡。本县的毛竹也颇具特色，冬季采集的毛竹带有厚实的竹青，可防虫蛀。农人中很多也是竹匠。在农忙前后搭建竹屋制作竹器，也是历来的传统之一。

我因为对竹有特别的兴趣，就开始研究竹构建筑。而搭建竹屋的匠人，也成为我的合作人。罗渭青是双庙村中第三代竹匠。罗的父亲和两个兄弟都是竹匠，近年来却不得不转向其他生意，因为工业材料对乡间的渗透使竹构逐年没落，竹匠后继无人。这次试验遂成为复兴竹建筑手工艺的一个契机。

场地周围的山坡上竹林茂密，生长着一人多高的茅草，为猪圈提供了主要材料。冬季的毛竹不易虫蛀且材质坚固。经竹匠判定：靠这冬竹搭建的构筑，在经过合适的遮光和防水以后，使用时间可以达到五年。屋顶使用的茅草也采自附近山谷，由村民在农闲的时候上山采集和手工编织而成。然而竹子始终是种很难保存的材料，单独放在室外容易变黑开裂，所以和茅草搭在一起，使用倾斜的屋面，让雨水沿着茅草的细秆流入用竹筒制作的天然排水管，最终落入农田的泥土中。

茅草因内部实心坚硬而成为传统屋面防水材料。在编织时考虑水势方向，和瓦片方向类似，同时保留着透气的传统。"可呼吸性"是传统建筑中的重要法则，其使室内和室外的毛细血管状的空气流通，是以自然材料可以保持相当程度的湿度和弹性，使建筑物得以持久。

屋面设计上所以不能采用工业防水层的做法，是因为防水层的密闭会导致底层茅草迅速腐烂而无法持续。茅草叶的导水构造在防水同时保持透气，空气得以从建筑内部上升流出屋面，在雨后加速吹干茅草。茅草需要每年加厚，草顶的厚度有时候决定于主人的财力，即屋顶的"厚度"是一种地位象征。而每年翻修屋顶的农村习俗，实在源于自然材料的逐渐消解。建筑中人力维修的通常性，通过融入农业历法，进而演化成一种习俗。

"动土"是中国风俗中的一件大事，日期选择和地点控制极为讲究，只因对土地和风水的改变属于大忌。基地选址是农户罗家的一片小竹林，位于田间靠近山的位置，并可在进入山谷时清晰可见。在搭建茅屋的时候，利用原有地面和排水沟，不再动土开挖，更是完全不做地基，只放置了10个1m宽、1.2m高的卵石墩作为竹构的地面支撑，在此之上是直接放置竹构的落点。传统建筑中将木柱直接放置于夯实地面上的石墩上，其屋面结构的连接吸收了土地沉降带来的不稳定性。我在参观宁波保国寺时，见其宋代木柱呈向心倾斜而历千年不倒，而觉察到中国木构的稳定性实在是自上而下的，因而可承受地面的不稳定。在一片未经过处理的农田里，整个巨型青竹构筑连成一个自我稳定的结构体，如同一只大鸟落在溪坑卵石砌成矮墙上。石墩就像大鸟的爪子，紧紧抓住泥土。大片茅草铺成的倾斜屋顶高高耸立，犹如大鸟的宽大有力的羽翼，随时准备振翅而飞。

结构由8m见方的基本单元组成。每个基本单元由4根主龙骨撑起一组稳定的金字塔结构。四边再撑起两个方向延伸的屋面结构，遂发展出一个空间单元。由于跨度的需要，单元的高度为4m左右。架上1m左右的矮墙，和邻近的小山呈合适的尺度关系。

原竹林的场地长37m，刚好可以搭建4个单元，前后可以留出场地出入，田埂和水渠都不必改动。 竹构的跨度为8m，四个单元长32m，前后挑出2m。两侧的开口利用竹构形成4个宽6m高4m的三角空洞，让自然风流动。作为主龙骨的竹子直径至少15cm以上的粗壮青竹，以大于45°角的趋势，向上支撑起近6m高的整个庞大竹构。内部看，竹构像是10个倒置的金字塔，顶上相互连接，由上至下收紧，形成纯净的高大通透的空间，整齐交错的几何形序列，层层展开，重复推向巨大的竹构深处，仿佛可以无限伸展。

经过对动物习性的深入研究及受到农场主的启发，对猪群轮牧和饲养场作了规划。规划内容包括猪群的宿舍区、喂食区、卫生间、喂水区、轮牧区和泳池，并配合猪群的活动路线设计了独立的饲养员过道，既方便投料又可最少程度影响小猪的活动。

在炎热晴朗的夏日，猪群在水池游泳的照片激起了所有围观者的惊叹，并为太阳公社的农业实验作了最好的社会推广，展望一种新农业的未来方向。■

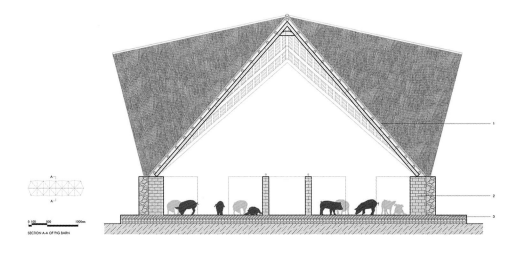

1　剖面图
2　现场外观
3　猪圈竹构顶视与长立面图
4　夜景

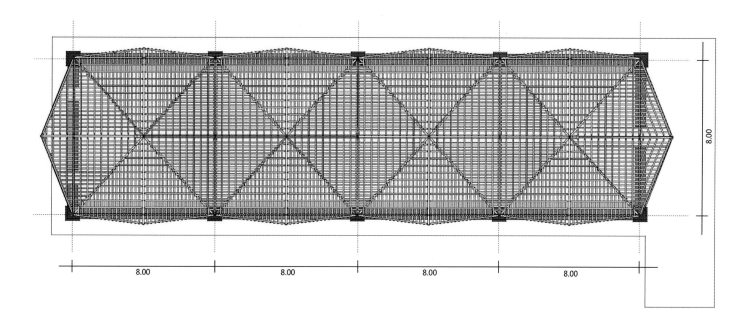

8.00

8.00　　　　8.00　　　　8.00　　　　8.00

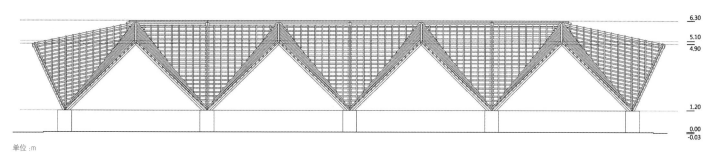

6.30

5.10
4.90

1.20

0.00
-0.03

单位 :m

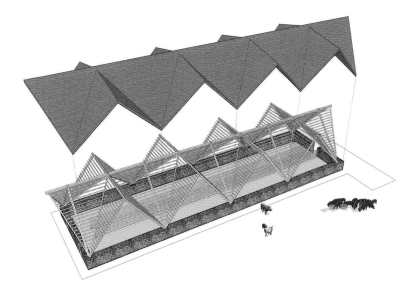

| 1 | 3 |
| 2 | |

I 　猪圈竹构拆分轴测图
2-3 　实景图

# 禾井，设计思维在现场
## HEJING HOUSE

| 撰 文 | 费斯 |
| --- | --- |
| 摄 影 | 陈若、沈俊 |

| 地 点 | 上海崇明仙桥村 |
| --- | --- |
| 建筑面积 | 150m² |
| 场地面积 | 560m² |
| 建筑设计 | 陈若、朱明洁、何悦 |
| 改建时间 | 2014年 |

在同济大学攻读设计博士学位的朱明洁，2008年跟随娄永琪老师的"设计丰收"项目来到位于上海崇明的仙桥村。回忆当时所做的田野调查，即便是在2014年9月接受我们采访时，她依然记忆犹新，"村里的年轻人都离开这里，空巢现象很严重，即便是村里中年人，宁可选择去城里开出租车也不愿意务农。"连续几年参与"设计丰收"项目后，她深感空置的农村空屋具有重新盘活的潜力。某一天，她问了村里熟人，"这里有没有空的房子？"结果还真有那么一栋。当熟人带她去实地查看的时候，这栋位于河道旁与田野间的一层楼平房立即引起了她的兴趣。

当时这栋房屋只是供农忙时节来包租种田人的临时住宅，没有浴室等必要的生活设施。即便如此，朱明洁仍觉得这里具备改造的潜质。她与因项目而结识的伙伴陈若、何悦一起，联手开始了这栋房屋的改造计划。虽说陈若与何悦当时已是具备工作经验的建筑师，然而从头开始改造一栋乡间农舍，对三人来说都是零起点的经历。

正如"设计丰收"项目的缘起是通过设计思维对乡村社会进行自下而上的改造，在这三位发起人的眼中，改建农舍也应该"接地气"，应该与当地紧密联系。在历时一年多的改造中，三位轮流到现场"监工"，坚持每个改建的环节都让当地老乡来帮忙处理。而老乡们，从一开始对三个小姑娘的执行能力抱以怀疑态度，到后来每天6点开工就乐呵呵地电话她们，让她们赶紧备好料到现场来。客气的老乡让她们每

次发工钱的时候都会纠结万分。差不多到时间的时候，她们仁就包了红包递给老乡。他们的回答一律都是"干吗要给我钱啊，那多不好意思"，然后就乐呵呵地收下了。比崇明当地每小时7块的用工费用比，她们每次给的工时费标准都会高出基准线不少。这令当地老乡在帮忙改建房屋时，都显出特别的热情。

在被命名为禾井的空间现场，原本的建筑物被划分成四个空间。除了以"悦"、"若"、"明"命名的三间住屋，还有保留了崇明特色老灶头的厨房用来兼作公共交流空间。在建筑物的一旁，她们设计了一个可以享受室外田间绿意的半开放浴室，水处理都以循环节水的方式重新设计。改建后的建筑物在村里的整体环境中看起来并不突兀，进门处的内嵌式处理，甚至比一些邻居的"豪宅"更低调。院子里种的植物，大多是本地蔬果，比如秋葵、茄子、山药等。

就连帮忙的邻居老乡都觉得这里太"素"，比如连厨房里摆的都是"暗簇簇"的老木头，于是便好心地搬来鲜艳的花盆装点这里。"其实这套厨房用具是我们改建中最大的花费，做家具的工厂帮我们找了很久的老橡木，因此整个制作的时间会比较长"，陈若向我们这样介绍道。

在项目说明里，这三个女生这样讲述禾井的故事，"我们不要电视，不要网络，不要吃油机器；我们拒绝污染，拒绝现代化，拒绝工业大生产；我们崇尚环保，崇尚手工艺术，崇尚回归乡野。我们不是农家乐，我们不是小酒店，我们是田中井畔的设计师小屋。"而禾井对于乡村建设的意义在于，它呈现了一个创新的商业模式，或许当地的年轻人也能受到启发，把自己的房子改建成这样的形式。无论是做民宿，还是留给创意人做激发灵感的空间，相比寸土寸金的城市，乡村显示出更多的发展潜质。END

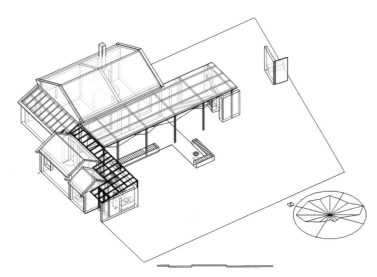

```
| 1 | 4 |
| 2 |   |
| 3 | 5 6 |
```

1　慕名而来的住客在此体验"不插电"生活
2　轴测图
3　入口处的处理让人意识到这不是一栋村里常见的农民房
4-6　内景图

```
 | 2 | 5
1| 3 |
 | 4 | 6
```

1-4 房间里陈列简单的家具
5-6 房间细节

# 理论、教育与实践

## 范文兵对谈王骏阳

| 记录整理 | 张帆、宫姝泰、潘群 |
| 时　间 | 2014年8月17日 |
| 地　点 | 上海杨浦区五角场某咖啡馆 |

一直以来，国内建筑学界中的专业人士被划分为泾渭分明的两类人群：一类为搞"设计（实践）"的，一类为搞"理论（历史研究）"的。他们之间的差异，让我拿"如何读专业书"这一行为来做个简单对比。

由于国内建筑学专业的观念（包括一般社会公众对建筑的普遍性理解）基本还停留在19世纪巴黎美术学院的框架之内，非常强调建筑的"可画性"、"形象性"、"艺术性"、"象征性"……，为了"学以致用"，搞设计的一般都比较喜欢读"带画片儿"的书，"建筑形象"就成为惟一可以吸收的营养，形象背后的设计思考、形象之所以产生的历史文化背景及其专业理论基础，常常忽略不计。"知其然不知其所以然"成为一种必然结果，追赶舶来的"形象潮流"成为一种必然现象，"抄"也就成为每个中国建筑师痛骂不止、但又无法根绝、类似毒瘾般的无可奈何的必然选择。

而搞"理论（历史研究）"则走的是另外一个偏锋。从语言学、文化学、心理学，到哲学、人类学……从现代主义、后现代主义，到解构主义、现代之后……，已然进入"距离人体10cm之外皆可入建筑学法眼"的"广义"境界。搞理论的擅长以"文字"作为阅读和写作对象，在文字中构筑有关建筑的种种说法。只不过，文字书写的语法及谈论的话题，已与汉语语境、与建筑本身的关联越来越弱，语法不再是汉语的主、谓、宾，而是西语的前置后置，话题是国际潮流与各种文字理论本身的逻辑论证，本乡本土的语境、具体的造房子事情似乎都已登不上理论的大雅之堂。

搞理论与搞实践的如此这般下来，他们之间的鸿沟变得越来越深。搞实践的不相信，建筑这样一个自古以来就存在的造房子的朴朴实实甚至很难称之为科学的专业，真的需要那么多玄妙的理论说词儿；而搞理论的则觉得搞实践的目光短浅，过于现实，无法达致高深境界。

在本次对谈中，我与来自同济大学建筑系的建筑理论教师王骏阳一起，针对建筑理论的发展、建筑理论/历史/批评的关系、理论在建筑教育中的作用、与设计实践的关系等多个话题展开对话，试图对上述"设计与理论割裂"的现象，进行一番解析。

（注：本文系上海市高校本科重点教学改革项目"跨学科交叉互动，探索建筑学本科教育新体系"。）

**范** = 范文兵
**王** = 王骏阳

# 建筑历史理论教学

**范** 王老师，您问过我为什么要与您对谈，因为以我的视野来看，觉得您是中国当下一位非常出色的建筑理论家。

**王** 理论家不敢当。汪坦先生在1980年代主编《建筑理论译丛》时曾经说："我是教师，不是理论家。"我喜欢这样的说法。

**范** 那我换个说法，您是一名出色的理论教师。

**王** 为什么一定要用"出色"二字呢？

**范** 那是因为在当今中国做历史理论的群体当中，我觉得您有些不太一样。

我们这里很多理论学者，说的每一段话拿出来都是政治正确的口号，但一堆口号组合在一起，就不知道他要说什么，显得有些假大空；另一类理论学者喜欢把夹生的舶来理论绕来绕去，绕半天也讲不清楚一个基本的中国问题；还有一类就是太过学究，纠缠在细节处拔不出来，无法对问题做出清晰回答。而您的文章让我觉得最大特点是，直面真实问题，理论背景充分，而且是经过自己充分消化吸收的，因此文字表述就非常清晰，观点和细节的平衡度好。

**王** 无论什么理论，最后还是要回到建筑本身。在中国有一种说法，设计不好去搞理论，似乎理论就是夸夸其谈，建筑哲学、建筑美学、黑格尔、海德格尔之类的。这样的建筑理论虽然与建筑有一定关系，但肯定比较远，而且一个不是建筑学专业的人也能这样扯。在我看来，建筑理论需要基于对建筑学基本问题的理解，而且这样的理解首先是通过设计经验获得的。建筑学本科之所以重要，就因为它有一个漫长的设计教育过程，培养学生对建筑学的基本认识。美国东海岸有很多理论家，他们本科是学文科的，然后研究生读两年。他们写理论很厉害啊，写起来一套一套的，建筑出身的根本弄不过他们。但仔细看他们的文章，你就会感到他们对建筑学其实没有太好的认识。在我看来，问题就在于他们缺少本科的设计训练。设计训练非常重要，这对建筑理论研究也不例外。

近年来，我国许多大学开始在大一、大二实行所谓通识教育，目的是加强素质教育，避免专业视野过于狭窄。这是改革大学教育的一个有益尝试。但是我反对把建筑学纳入通识教育。因为建筑学原本就需要涉及许多不同的知识，技术的、人文的、历史的、社会的。换言之，建筑学教育原本已经非常"通识"。如果再把大一、大二的建筑学学生纳入全校的通识教育，必然使学生丧失大量设计训练的时间。再加上"四加二"的本硕联读体制（更准确地说应该是 2+2+2，即两年通识，两年建筑学，两年硕士），一个建筑学学生本科真正做设计的时间只有两年，即使加上研究生一年，还是大大少于原本五年制建筑学教育的设计训练时间。据我所知，南京大学实行这种通识教育已经有相当一段时间，实际情况是建筑学本科生的设计能力普遍堪忧。当然，如果学生毕业后去当开发商或规划局长，更多一些的通识教育可能会好一些，但对建筑规划好坏的判断跟本科设计的学习仍然是有关系的。不用说，官员考虑问题的标准不光是建筑专业的，政治上的考虑也许更重要，但是无论如何，专业这一块还是不可或缺的。我常在想，如果主管官员的专业素质再高一些的话，那么我们的城市和建筑也不至有如此多不堪的状态。话又说回来，既然设计教学这么重要，其现状在我们的建筑院校中却不能说令人满意。不过这可能不是我们今天该应讨论的问题吧。

**范** 的确，设计教学有太多问题，从教学观念、方法、人员调配、专业评价、职员晋升等各个方面都有亟待解决的地方，这个话题需要专门来谈。那让我们还是先回到理论教学这个话题。

您刚才谈到美国东海岸一批本科文科的人在建筑理论上的"夸夸其谈"离建筑基本问题太远，我发现在中国建筑学界也有一大批教师和学生中出现类似现象，但原因与美国不太一样。

今天中国建筑院校教师的主体，很多都是在"后现代"流行国内建筑学界期间，在"二手外国学科理论＋中国玄学哲学"气氛中成长起来的。看最近几年《全国建筑教育学术研讨会论文集》就会发现，至少超过一半会用宏大叙事、抒情文学语言展开"神秘中国建筑学"、"哲学建筑学"、"文学建筑学"、"文化建筑学"、"科学畅想建筑学"的"夸夸其谈"。

而中国学生的"夸夸其谈"，则跟自小被灌输的学习方式、观察世界的宏大方式有关。我带本科二年级的"公共建筑概论"课，让学生写小论文，他们一出手，就是"中国建筑之我见"、"中西建筑文化之对比"。针对这种情况，您有什么建议呢？

**王** 这与老师的引导和要求有很大关系。当学生张口就说"中国建筑之我见"或者"中西建筑之对比"的时候，他们往往没有经过真正的思考，而是在重复一些既有观念。这些观念广为人知，几乎成为不言自明的"真理"，但其实有很多经不起推敲的似是而非的地方。作为老师，或许可以把其中一点或者两点拿出来，让学生通过历史和现实素材的挖掘和研究，深入思考下去，也许他们就会得出与之前不一样的结论。一旦有了这种转变，哪怕是很小的一点转变，也会体现教育的意义。

**范** 我们知道，在建筑历史与理论领域中，有理论、历史、建筑批评之分，但我从外面看，这三者似乎很难区分开来。

**王** 是很难明确区分，因为它们之间彼此有交叉和重叠。理论需要在历史视野中阐述，而且理论不仅是描述性的，更重要的是批判性的，这与批评又自然发生关联。反过来说，历史如果没有理论或批评也是不可设想的。历史是一种书写，一种有观点的书写。批评与理论和历史同样有千丝万缕的交叉和重叠。尽管如此，学科方向上通常还是有区分。以我所在的同济大学建筑历史理论教学团队为例，卢永毅老师就比较偏历史方向，而我则偏重理论方向。

**范** 那你们在教学中具体做的有什么不同呢？比如说历史方向，它其实也要研究历史上各种各样的建筑理论思潮吧？

**王** 卢老师讲授外国建筑史，二年级以通史为主，但四年级就力求在历史中增加理论的内容。我给研究生开设的"近现代建筑理论与历史"以理论为主，也会涉及到历史的内容，但从来不会以通史的方式讲，比较自由。

**范** 说实话，读书时我对历史理论课的兴趣非常弱。因为建筑历史常常被肢解成一些零散的知识点、图示，我们只要记住知识点，考试的时候再反馈给老师就完了。

**王** 这个问题现在依然存在，尤其在考研的时候。说过多少次改革，但还是闭卷考试那种，考一些死记硬背的东西，如年代、画出某个建筑的平面或立面等，而不是对历史问题的理解。不可否认，相较于前者，后一种问题比较难有标准答案，阅卷的实际操作比较困难。

**范** 您刚才说，同济在高年级历史课上已经弱化了编年史讲法，那低年级还是在用一个统

《建构文化研究》

一编年史教材的吧？我跟您前面说的一个观点持相同看法，即不存在绝对客观的历史叙述，所谓历史，一定是被书写者视野所限、裁剪过的"有观点的历史"。那现在本科生用的统一编年史教材，主要遵循谁的观点？或者说是由哪个哲学历史观奠定的专业历史观呢？

**王** 因为我不具体负责历史课的教学，只是偶尔客串一下，所以不是很清楚。不过即使在高年级，时间线索应该还是有的，只是因为理论问题的加入，会出现时间线索的叠加。说到教材，之前我在南京大学任教时负责出考研的历史卷子，尽管我的基本想法是力求避免出死记硬背的题目，但我也只能将陈志华先生和罗小未先生主编的教材指定为复习资料。否则考生复习真的有些无从下手。因为当时南大没有自己的本科，考研的学生来自全国各地，本科教学也不尽相同，指定复习教材就成为一个简单易行的办法。这个经历使我对中国高校对编写教材乐此不疲的原因多了一些了解。按照我的理解，教材就是为考试服务的，或者说为提供标准答案服务的。

**范** 您在欧美呆了那么久，国外的硕士和博士如果涉及到建筑理论与历史课程，也有类似的这种考试吗？

**王** 基本没有，都以写小论文为主，用闭卷的方式进行建筑史考试已经很少见。

**范** 那小论文是偏观点性的？还是带有考证意味的史实分析？

**王** 这个应该没有什么特别的规定。对于本科生来说，历史考证的论文反而更难，不是吗？

**范** 我想会不会也跟老师上课的倾向性有关呢？因为我发现国内历史理论课老师，过去喜欢宏大话语，现在又出现了一个新征兆，就是在学科越分越细的背景下，很多历史老师有些像考古学家，一点一滴地做考证。

**王** 你指的是中建史吧，外建史在中国做考证显然比较难。国外建筑史研究也有考证性的。虽说历史都是有观点的，但扎实的历史研究显然不是想说什么就说什么，而是需要有历史素材做支撑的。一个历史研究，如果能够通过经得起推敲的考证得出新的结论，推翻或者改变我们对历史的既有认识，那就是一个了不起的研究。至于教学，本科一般以授课为主，国外的研究生教学会增加相当多的 seminar（讨论课）

内容，但讲大课仍然存在。1996 年，我在哥伦比亚大学做访问学者，弗兰姆普敦的"建构文化研究"刚刚出版，他在哥大给研究生就讲这本书的内容。课上基本没有讨论，都是弗老先生在幻灯的帮助下从头讲到尾。

**范** 那他这个就属于讲大课（lecture）了。那个课有多少人？

**王** 我印象中每次大概有三四十人吧，包括我这种旁听的。

**范** 这跟您现在同济上的"近现代建筑理论与历史"的形式是一样的。

**王** 同济的课学生更多，但授课形式也是讲大课，有时会有一些提问，主要是客座老师讲课时出现。"近现代建筑理论与历史"这个名称把理论放在历史前面，有点强调理论的意思。它是罗小未先生在1980 年代创建的一门课，之后课的名称一直沿用下来。而且在中国高校，课的名称好像是不能随便更改的。

**范** 据我对高校体制的了解，还是有改的可能，但要进入教学大纲正常调整进程，而大纲大概三五年改一次，时间点一错过，就要等下个周期（三五年）以后了。

**王** 这个课名其实挺好，就像一个大口袋，什么都可以往里面装。

**范** 您这口袋装得很好呀，我听说学生会把上课的文远楼215坐满，要两三百人呢，这在全世界建筑历史与理论教育中都可以算是一个奇观了。

**王** 说奇观可能有些夸张，不过倒是听说理论课在一些建筑院校不受同学欢迎。今年初我在《建筑师》杂志发表过一篇题为《理论何为——关于建筑理论教学的反思》的论文，该文的许多想法曾经得益于清华大学青锋和范路老师一篇讨论理论教学的文章，表达了

"近现代建筑理论与历史"上课场景

我自己对该文一些观点的反思。据二位老师在这篇文章介绍，清华的学生用脚投票，不愿意听理论课。

**范** 那请您具体介绍一下这个"火爆"课程的展开方式吧。

**王** 主要是讲座形式。之前都是有一个老师主持，但只讲一、两讲，剩下的就是请校内外的其他老师来讲。这种授课形式很普遍。今年下半年张永和老师即将在同济开设的一门英文课就是这样，我也会在里面讲一次。我从1997年接手"近现代建筑理论与历史"的教学工作以后，进行了一定的改革。作为主讲老师，我会讲到整个课时三分之二以上的内容，并且力求将它们与建筑学基本问题联系起来。剩下的一部分课时则请其他老师或国外来访的学者和建筑师讲。这些参与者每学期不同，我也会把每学期的侧重点做一些调整。

**范** 侧重点改变的原因是什么？

**王** 有可能是个人兴趣，也可能是其他的原因。比如今年秋季的课程，由于十月底在同济有一个以"结构建筑学"（Archi-neering）为主题的展览和学术活动，所以结构与建筑的关系会是今年秋季讲课的一个侧重点。这方面的内容往年也比较重要，但今年会因"结构建筑学"活动更加得到强调，有五周的授课内容都与此相关。再比如，今年的教学计划中有请澳洲墨尔本大学的朱剑飞老师来讲课，他自己愿意讲建筑与政治的关系，这是他近年来关注的一个主题。为了使朱老师的这个题目不至于在整个教学计划中缺少关联，我会在自己的讲课中注意阐述这种关联，同时也在他的讲课前面特别安排了一次我自己讲的塔夫里的内容，为朱老师的讲课内容做一些历史理论的铺垫。我还是在刚到同济任教时讲过塔夫里，之后就没有再讲，今年重新拿出来讲主要是为朱老师配合，形成今年的一个小主题，当然也会有我自己的一些新体会。李翔宁老师近来常说，给中国学生讲塔夫里没有用，这种说法倒刺激了我去思考问题。是啊，在今天为什么要重新讲塔夫里？这是一个有趣的问题。

**范** 那您想没想过为什么这么多人来听您这门课呢？

**王** 我的理解是大多数学生对知识还是有渴望的，但他们不太愿意自己花时间去看书，所以这种大课特别受欢迎。老师在上面讲，学生们带两个耳朵听。不管听进去多少，总是有收获的，总归比自己花时间看书容易一点。相比之下，明年上半年的文献阅读选修课，采取seminar形式，学生要自己花时间看书，然后做ppt介绍，那门课的学生人数一下就少了下来。拿学分在同济很容易，何必要为2个学分花太多精力呢？常有同学不选这门课，但来旁听，这就很说明问题。从我自己的角度来说，在不同的讲课内容之间建立联系，使同学将自己已有的或者新获得的知识形成一个整体是教学工作中一件特别重要的任务。比如艾森曼，相信凡是建筑系学生都会略知一二，但是如何将艾森曼放在建筑学的整体中与其他问题联系起来进行理解？这种整体联系可能也是吸引同学的地方之一。

龙美术馆

**范** 现在学生的确有"少付出、多获取"的功利倾向。但对您这门课来说，偷懒应该不是最主要原因。从我个人角度看，您这门课的选题、研究方向，非常关注当代建筑师、理论家以及他们的常用语汇和思潮，并且是用新工具、新观念、一手资料，更重要的，是从设计角度去解析这些东西，这在国内是不多见的。现在很多理论文章、历史理论课，都在用陈旧的、二手的、文学化的、外缘学科的角度看待、解析这些新思潮。比如说大家一天到晚都在讲库哈斯，但谈到库哈斯的密度、"癫狂的纽约"、"偏执狂思维模式"，绝大多数都是在二手资料、"外缘学科"的文字层面上肤浅周旋。我会要求我的研究生去同济专程听这门课，因为我觉得这是当前国内当代建筑理论最完善的一门课，也是我们国内特别多误区的一门课。所以，我还是蛮能体会那么多学生，包括环同济设计产业圈大量工作的年轻人，想听、想补课的心情的。

**王** 但愿我的讲课能够给同学启迪，而不仅仅是灌输知识。

龙美术馆

## 建筑理论与设计实践的关系

**范** 下面我提一个估计您常常会碰到的问题，理论和设计实践的关系。我在微信朋友圈上发了消息说要和您对谈，我的一个在设计院工作的研究生马上就要求我一定要帮他问这个问题，理论对设计有帮助吗？

**王** 不会有现成的理论可以直接拿过来在设计中用，除非是建筑师经过自己的思考已经形成的某种"理论"。在后一种情况下，理论和设计就成为思考同一个问题的两种方法或者说途径，它们是相辅相成的关系，很难说谁指导谁。但我们现在通常所谓的理论以及我们在理论课上讲授的理论都是外在的，即业界已经形成的或者由某位建筑师或者理论家提出的理论，在这种情况下，很难直接拿来用在你自己的设计之中，因为它们不是你自己思考的成果。而且，从理论到设计，这中间需要有一个过滤和转换的过程，一个好的理论并不能一定导致好的设计，否则我们无需设计训练，只要上理论课即可，但建筑学显然不是这么回事。这样说来，理论课还有什么用呢？我常常给学生们强调的是，理论不是给你教条，不是给你处方，而是给你提出问题，给你思考问题的线索，答案需要你自己去寻找，而且这个答案需要通过建筑表达出来，而不仅仅是文字语言。这就是理论与设计实践的关系。不知是否回答了你那位朋友的问题？

**范** 也就是说，理论的储备会帮助你在设计中去反思一些东西。

**王** 或者说给你一个努力的方向。以柳亦春老师的设计为例。很多人都说龙美术馆是柳老师建筑作品中的一个转折，我同意这一看法。在这样的转折中，建构理论以及相关问题的讨论肯定发挥了作用。但是不能说柳老师照搬了书上的哪一个教条或者处方——情况可能是恰恰相反，他会对某些教条的东西提出自己的批判性思考。毋宁说通过对理论讨论的关注，柳老师为自己的设计提出了新的问题，确立了某种新的努力方向。至于如何在建筑中贯彻对这些问题的思考，需要经过设计能力的过滤。众所周知，柳老师在设计上才华出众，所以后面这个问题对他来说比较容易。

**范** 柳亦春的确是不多见的对理论极有兴趣的建筑师之一。和他的对谈中我能清晰看到，建构话语对他设计转向的影响，他会更深入、更有意识地从结构、材料、空间"一体化"角度做设计，包括在其中对"诚实性"原则的贯彻。

**王** 当然，一个建筑师的个人发展是一个复杂的过程，不能完全归咎于某种理论与实践之间的关系，或者说某种理论话语的影响和作用。柳老师的情况肯定也是如此。但是如果要回答你那位朋友的迫切问题的话，柳亦春老师的情况也许是一个比较合适的案例。不用说，柳老师一定不会止步于此，一定会有更好的作品问世。在以后的发展过程中，理论思考还将在一定程度上发挥作用，尽管不是唯一的作用。

**范** 刚才您拿柳亦春做例子，谈到一个把握了某种（比如建构）理论对成熟设计师在方向上的影响。另外，我还看到您《理论何为——关于建筑理论教学的反思》一文里写王澍的一段，说他认为理论与设计没什么关系，设计以及理论化的文章写作对他来说是一种平行状态。我也曾看到如恩设计研究室的胡如珊说过，作为公司主管，她写作的原因是她没办法口头把一个项目的来龙去脉说清楚，写作一个是整理思路，一个是跟员工进行深度交流。也就是说，有些设计师会自觉地进行文字写作、理论思考，而不一定要依附于特别明确的理论体系，非常个人化，甚至就是一种个人兴趣。当然，就我个人观察，喜欢写作的设计师，一般来讲反思力度要强一些。这个现象好像在证明，思考、理论对设计的确是有些作用的。

**王** 王澍这句话并不是针对管理问题的。按照我的理解，他说的就是我前面谈到的设计和理论是思考建筑的两种不同方式的问题。它们的介质不同，呈现的形式也不同，在这样的意义上说它们是平行的。但它们也有重叠和交叉，在王澍的建筑发展中相辅相成。

**范** 这两年我觉得理论界开始出现了一些变化，言之有物的理论文章多了起来，您觉得原因是什么？

**王** 这应该得益于人们放弃了大而空的理论诉求，转而立足于建筑学基本问题进行理论思考。前一段时期我为即将由同济出版社出版的王方戟、柳亦春等六位建筑师加刘东洋的《建筑七人对谈集》写了一个序，也是以这个问题为切入点来写的。对于建筑理论而言，其实问题不在于是否要有哲学思想的介入，而是如何介入，介入到何种程度。也不是说今后的建筑理论只能是"小思维"（即英文所谓的 think small），宏大的历史视野毫无可取之处。如果再以弗兰普顿的《建构文化研究》为例，完全可以说它是一部"宏大叙事"的著作，也不乏对大哲学家思想的引述，但是因为它能够紧扣作为建筑学基本问题之一的"建构"问题，所以读起来你仍然感觉它是"言之有物"的。还有，尽管"小思维"也能触发大问题，引发对建筑学问题的批判性思考，比如柯林·罗的写作向我们显示的那样，但是批判思维有时确实需要在较为宏大的历史

理论视野中才能展开，这也是《建构文化研究》为我们带来的启示之一。

**范** 说到批判性思维（critical thinking），又是一个特别重要的话题。我理解下来，在西方建筑学语境中，像埃森曼、塔夫里等人，批判性思考体现在不满足目前专业状态，觉得应该有更好的或者不一样的东西。从我做教师的经验说，中国学生在这方面有着巨大的欠缺，这当然和大的文化和教育背景有关。我们的教育从小就告诉学生，你应该这样才正确，然后一定要记住，考试时再返回给老师就能拿高分。一个学生稍微有点批判性，很可能就会成为群体中的异类。那我问一下您，您在西方呆那么久，您觉得他们对 critical 有训练吗？

**王** 你说得没错，我们的教育从小学到大学，都不鼓励批判性思维，整个社会也不鼓励批判性思维。考试就是记住标准答案，社会发展希望有明君带领我们前进，一切都是顶层设计。现在谈到教育，很多人都意识到批判性思维的重要，用我们新一届建筑系领导的话来说，没有批判性思维，我们培养的学生只能继续为国际大师画施工图。但是如何在具体教育实践中贯彻批判性思维？而且如果整个社会都不鼓励甚至压制批判性思维，那么建筑学教育怎么能独善其身？这个问题很复杂，三言两语无法展开讨论。但是既然说到批判性思维，我想强调两点：1. 所谓"批判性思维"并非桀骜不驯、对一切都不屑甚至无知的叛逆那么简单。批判性思维首先是理性的批判，是经过理性思维的批判。它的前提是思想自由和言论自由，没有这两个前提，批判性思维就没有可能存在。批判性思维还是一种内在批判，即在对批判对象有深入的了解和细致的分析的基础上进行的批判，这与"无知者无畏"的乱枪扫射是有区别的。2. 建筑学问题的讨论固然需要批判性思维，但建筑问题同时也是一个社会问题，而建筑学中的批判性思维有时也就需要在社会层面上展开，只有这样才能真正体现批判性思维的意义。今年夏天我为即将由 Ashgate 出版社出版的《Notes on Critical Architecture: Praxis Reloaded》写了一篇英文文章，题目是"Toward a Civil Architecture: Memorandum of a Critical Agenda in Contemporary Chinese Architecture"，把从 2008 年开始到今年上半年正式宣告终止的以"走向公民建筑"为主题的中国建筑传媒奖从当代中国建筑批判性话语和实践的角度进行了回顾，是一个集体性案例的研究，也是我个人打算逐步介入的中国建筑现当代史研究的一个尝试。

# 漫谈当代建筑师与理论家

**范** 让我们回到理论与实践的话题上来。您能不能通过一些您有兴趣的当代国内外建筑师谈谈理论与实践的关系？

**王** 又绕回来了，看来这真是一个"迫切"的问题。首先必须说，我感兴趣的建筑师并非都是理论性的，或者说有理论爱好的。当代国外建筑师中，库哈斯无疑是驾驭理论和实践的一个杰出代表，也是这么多年来我一直比较喜欢的建筑师，虽然他在中国的项目比较令人失望，国际国内对他也褒贬不一。不管怎么说，他是一个既有批判性思想也有很多好的建筑作品的建筑师（当然也不乏荷兰式的精明、狡诈甚至势利）。有些不像他那么先锋也并不理论的建筑师，比如西扎、齐普菲尔德，也是我非常喜欢的。之前也比较喜欢赫尔佐格·德梅隆，最近几年觉得他们过于形式主义，有时也过于时髦。还有伦佐·皮亚诺，比较偏技术的。彼得·卒姆托，形式感极好，但又能恰到好处地体现建筑的技术性和建造特征。日本建筑师中，我比较喜欢塚本由晴。可能因为我与他本人比较认识，但这肯定不是唯一的原因。最近几年我们与日本建筑界有些交流，之前有坂本一成在同济的展览，还出了书。今年又有上海当代艺术博物馆的篠原一男展。也有些讨论，我一直都没有介入这些讨论。因为我觉得讨论的氛围有些不对，有点"造神"的感觉，不太像交流。相比之下，与塚本由晴接触就比较放松。这也是我比较喜欢塚本的原因之一。另外，与石上纯也、藤本壮介等年轻建筑师相比，塚本没有那么时髦或者对形式走火入魔。当然，塚本也是一个有许多理论著作的建筑师。他的理论研究是典型的"小思维"的产物，现在为大家熟知的《东京制造》就是这方面的杰出代表，而且他的理论研究与设计实践的结合也非常紧密。

**范** 我与塚本有过交流，发现他有一个突出特点，那就是常常会把对生活、对城市现实的观察，通过类型学的方法，直接转化为设计，而且在观察对象的选取上，比较自由，并不受传统建筑学思维的局限。

**王** 我觉得还不能说直接转化为设计。任何理论都不可能直接转化为设计，因为正如我之前已经说过的，从理论到设计，需要过滤和转换。过滤和转换的关键是什么？我愿将之成为设计能力或"设计感"，即英文所谓的 design sense。如果理论是思想的产物，它需要"智慧"（intelligence）发挥作用的话，那么"设计感"就是从理论到设计实践的关键。在塚

本由晴那里，"智慧"与"设计感"两者不可或缺，而且都很优秀。从理论与设计实践的关系来说，后者也许更为重要。拿《东京制造》来说，它已经为我们熟知，而且在李翔宁老师的努力下，我们现在也有了"山寨"版的《上海制造》。如果仅从图面上，《上海制造》已经最大可能接近《东京制造》的精髓了，甚至可以乱真。但是接下来呢？李翔宁老师在《上海制造》的前言中说该书是为激发对上海的想象。但是想象之后呢？这种想象对我们的设计实践有什么作用？"山寨"一本《东京制造》不难，难的是像塚本那样将研究的成果转化为设计实践。在已经有《上海制造》的情况下，我们缺少的不是理论 / 智慧，而是"设计感"。正是设计感或者设计能力的缺少，使《上海制造》停留在《上海制造》，我们仍然没有塚本那样的设计成果。就此而言，我更感兴趣的是塚本的设计，而不是《东京制造》本身。

**范** 很多人把《东京制造》视为一个绘本典范。绘本现在很时髦，北京李涵、胡妍的《一点儿北京》也是这个路径。因为李涵是中国美院毕业的，跟我们这些工科学建筑的路数不太一样，他在"有方"的一次采访中谈到这个绘本时，并没有将它作为一个研究建筑、城市的手段，而是将其作为他建筑师身份的一个最终产品、最终目的，视为建筑师改造世界的方式之一。他的话对我还是有启发的，因为中国现在建筑师就业的确还不错，"造出实际的房子"理所当然地被作为职业目的。但在历史上，建筑师训练完成后，出来发展的职业路径也应该有很多可能性的，比如纸上建筑畅想未来。

**王** 你这里说了两个不同问题。首先，绘本可以成为具有独立欣赏价值的图画。但是如果把《东京制造》视为这种意义上的绘本，就是错误的开始。我最初接触到李涵、胡妍的《一点儿北京》的时候，也为之一振，而且他们也确实在前言中说到深受《东京制造》的影响。但是李涵后来在南京大学的一个讲座使我开始对他们的工作产生怀疑，因为他在那次讲座中完全把《一点儿北京》作为绘画问题来看待，而不是作为建筑研究的手段。最近张永和老师的非常建筑绘本也出版了，其中李涵是主要画手之一。如果我没有听错或记错的话，张老师在同济的首发仪式上说过，绘本是思考建筑的手段之一，不希望同济的学生因此而掀起一个绘画的高潮。但是张老师绘本的问题在于它过于精美，其本身的美学

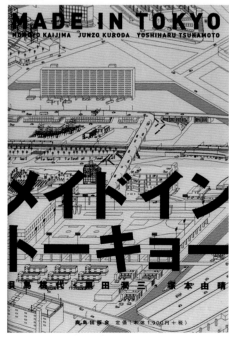

《东京制造》

MADE IN TOKYO
MOMOYO KAIJIMA JUNZO KURODA TOSHIHARU TSUKAMOTO

メイドイン
トーキョー

貝島桃代 黒田潤三 塚本由晴

鹿島出版会 定価（本体1,900円＋税）

土楼公社

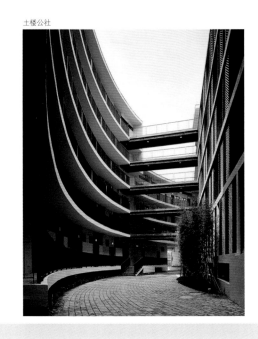

土楼公社

价值过于突出，因此很容易被人们作为独立的绘画作品来欣赏，而忘记思考建筑这个真正目的。这就涉及到你说的第二个问题。无论出于什么原因，如果建筑师想成为画家或从事其他职业，没有人应该或者能够阻挡你这样去做。但是，画家的工作如果能够对建筑学产生意义，绝不应该对是画面本身的欣赏，而是观察世界或者思考问题的角度。因此，人们尽可以对《一点儿北京》或者张永和老师绘本中美学价值进行欣赏，但是如果仅仅停留在这个层面上的话，就是本末倒置。说到李涵和胡妍，我想起他们之前翻译的《新兴建构图集》（Atlas of Novel Tectonics）。这本书的英文原文不是我们比较熟悉的学术语言，至少我自己感到非常困难。而李涵和胡妍翻

译的中文版虽不是处处准确，但已经把一个十分难懂的英文著作译成可读可理解的中文，这是非常了不起的工作。该书的理论意义在于它提出了挑战传统的思维方式，尤其是结构思维方式，对于这一点译者不可能没有感受。但是，也许是过于"迫切"地要在理论和设计实践之间建立联系，他们在译者序中概括出该书的五个要点，或者用他们的表述来说是今日"新建筑"的五个设计原则：大地褶皱；起伏屋顶；连续平面；肌理化开窗；结构化立面。在我看来，这五点并非该书的主要议题，至多只是它倡导的建筑思维的形式结果。这样的"原则"对于迫切用理论指导实践的建筑师来说也许很实惠，立马就可以在设计中派上用途，但却不是理论的真正

水岸山居

意义——提出问题，让你进行思考。作为一部理论著作，《新兴建构图集》的真正意义也应该在于后者，而非前者。不知这是否可以算是对你那位朋友迫切问题的又一次回应？

**范** 我相信对理论与实践关系的思考，您前后的论述综合起来，对我这个学生，包括我还有很多读者一定会有很大帮助。

说回到国内有思考的建筑师，加上之前您提到的建筑传媒奖，让我想起都市实践。您能否比较详细地说一下他们的传媒奖获奖作品"土楼公社"，我觉得其中有一些不同于传统建筑学视野的东西。

**王** "土楼公社"在当时评奖的时候是有一定争议的。就像获得第三届建筑传媒奖居住建筑特别奖的宁波人才公寓一样，争议的焦点是"土楼公社"是否真的为公民参与创造了可能，还是太过于迷恋形式。我个人认为，不管形式如何强烈，都市实践最起码是以一个积极的心态来进行廉租房的设计。所谓廉租房，在一些国家叫社会住宅（social housing），是一种建筑类型，也是很多建筑师积极投身其中并发挥自己专业创造性的领域，有很多优秀作品产生，比如MVRDV的一些作品。但在我国，廉租房的模式相当单一，采用的是廉价商品房模式，其设计规范与商品房别无二致，只是面积和造价更低。在户型和邻里关系上毫无创造性而言，而这些恰恰是许多国家的社会住宅致力于探索的地方，因为社会住宅的投资者是政府，是公益性的，建筑师能够发挥重要的创造作用。相比之下，"土楼公社"的设计之所以有所突破，一方面它是一个万科委托的特殊项目，另一方面它不是以普通住宅报规的，打了规范的擦边球。"土楼公社"给我最为深刻的印象其实不是它已经建成的形式，而是都市实践最初提出的一个城市理念，即在土地成本日益飞涨的时代，将"土楼公社"像"天外来客"一样散落

水岸山居

在城市中无法成为普通居住小区的边角地块（飞地），从而以更低的土地价格建设更多的具有较高建筑品质的廉租房。毫无疑问，这是一个带有乌托邦性质的设想，在现有规范下很难得到实现。

**范** 对，在中国，建筑师能做到这个地步，已然很了不起。但我总是忍不住想，除了做到这一步，建筑师还能继续往前做些什么？

**王** 如果说要选几个建筑师来回答你的问题的话，王澍肯定是一个。这并不是因为他得了普利兹克奖，而是因为他是一个有着批判性思考的建筑师。不管你是否认同他的观点本身，他都是一个勤于思考的建筑师。他对中国建筑和城市现状的批判性思考在中国当代建筑师中是为数不多的。当然，我对他的"本土建筑学"有不同看法。他似乎认为有一个真正中国的"本土建筑学"，它应该排除一切来自西方的影响。我把它称为中国建筑中的"国学派"，有点"原教旨主义"的色彩。前些时候我应邀去杭州讲学，住宿是邀请方招待的，我特别要求住王澍设计的水岸山居。这是一个很有王澍特点的建筑，一方面是中国的文人画意，另一方面是特别"地道"的中国建造方式和材料：木屋架、瓦顶、夯土墙、竹吊顶。从建构的角度看，我感到这个建筑的建造逻辑性有许多值得推敲的地方。但如果我对王澍提出这样的问题，我想他也许会说，用中国方式化解西方的逻辑正是他所追求的。按照我的理解，他的中国方式就是中国文人画意的方式。问题是建筑师不是画家，而水岸山居给我的印象特别像是一个画家建筑师的作品。

**范** 能再解释一下"画家建筑师"的意思吗？

**王** 很难理解吗？或许我受了过多西方建筑学的影响。抛开库哈斯、皮亚诺这些与王澍相差较远的建筑师不谈，我不会认为西扎、卒姆托或者坂本是画家建筑师。但是在水岸山居，这

武夷山竹筏育制场

种感觉特别强烈。此外，与之相伴的还有几许挥之不去的压抑之感。

**范** 我的感觉是，他越往后越被自己早先创造出的几个形式语言给束缚住了，这恐怕会导致路越走越窄。

**王** 可以肯定，他在获奖之后比获奖之前会面临更大的压力。之前他是自由的，现在他似乎不再那么自由了。当然，王澍是一个很有才华、也很有反省能力的建筑师，他的新突破是我们共同期待的。

**范** 其他您关注的国内的建筑师呢？

**王** 因为建筑传媒奖，认识了华黎。之后我去过他的事务所，十来个人左右的规模。我不知道他的事务所在经济上是如何运作的。我感觉他做的项目都是一些不太赚钱的项目，而且做很长时间。最近做的一个武夷山竹筏育制场（见本刊22页），上次他在同济讲座你也参加了，其中有这个项目，非常有意思。

**范** 那引起您兴趣的原因是什么？是作品呈现出的不一样的格调吗？

**王** 华黎的建筑特别强调本土建造，但是与王澍的中国性很不一样。在他的建筑中，西方的影响可以毫无隐晦地承认，但是每个具体的项目又总是体现了地方性和本土性，这是一个很有意思的现象。他没有像王澍那样把"本土性"变成一个意识形态或者一种个人范式。他基本上还处于一个比较开放的状态，所以他的项目没有特别的形式和特征，而是从具体项目的条件（包括功能条件和建造条件）出发，比较自由。这种自由是我欣赏的。

**范** 在您说的过程中，我脑海里不断回想他的作品。他第一个出现在杂志上的作品是高黎贡手工造纸博物馆，他把现实生活中一些已经不太使用的（传统）建筑做法找出来用到了这个位于偏远乡村中的作品里，呈现出一种鲜明的"地域主义"特征，但是我觉得这种方式有点牵强做作，因为与真实现实有距离。但他的武夷山竹筏育制场，我觉得很棒，它回应的，就是那个地方的人当下日常生活与生产的方式，包括建造方式，然后创造性地进行了一个当代建筑学的解释。

**王** 他之前在四川德阳的一个学校也相当不错，《时代建筑》上发表过。最近在北京的一个项目是公园里的一个木构作品，不完全是木构，也用到了钢柱，还有夯土墙。我对该建筑的夯土墙倒没有什么特别的兴趣，我感兴趣的是它的结构形式与建筑空间的关系，以及在当代中国木构建造技术方面的探索。此外，这个建筑位于一片树林中，正负零处在一个架空的标高上面，既解决了室外空调机的位置，也令人想起密斯的范斯沃斯住宅。尽管当地并没有范斯沃斯住宅的场地被水淹没的问题，但是这样做增加了公园中"凉亭"的感觉，也比较符合该建筑的木构特点和比较休闲的功能内容。希望建成后能有机会去实地看看。

**范** 那个作品的确蛮有意思的。在上海这拨建筑师里面，我觉得庄慎对真实城市现实生活无所顾忌的观察与转化，也有类似的感觉。

**王** 之前我对庄慎不是很了解。这次去斯里兰卡看巴瓦的建筑，行程中与庄老师有不少接触和交流，很欣赏他对建筑的理解。我感到中国建筑将会通过这一代建筑师的努力取得一个较大的发展。

**范** 那您再补充几个国内当代你比较欣赏的建筑师吧。

**王** 除了华黎之外，北京的建筑师中我比较有接触的有李虎、李兴钢、标准营造等。他们都是很优秀的建筑师，就不一一点评了吧。

**范** 优秀建筑师我以为大概有一个这样的分类：1.他是一个成功的建筑师，2.他是一个能给专业带来有趣（新）东西的建筑师。比如我们刚才提到的华黎的竹筏育制场，它对当代中国建筑学提供了一些有趣的东西，李兴钢有什么案子有新东西冒出来么？

**王** 最近发表比较多的是他在安徽的绩溪博物馆。我没有实地造访过这个建筑，不好妄加评论。从发表的照片来看，十分精致和完美，花了很多功夫，听说还派了驻场建筑师在建造过程中进行把控。

**范** 是一个优质的建筑。

**王** 各方面尽善尽美，符合中国当下的主流，

华黎高黎贡手工造纸博物馆

王骏阳参观华黎高黎贡手工造纸博物馆

但不能说有多少突破。相比之下，柳亦春的龙美术馆是有突破的。

**范** 我同意您的看法。那还有没有特别年轻的建筑师引起你的关注？

**王** 之前在标准营造的赵扬。

**范** 跟妹岛做"共有之家"项目的？

**王** 对。我第一次是在标准营造认识赵扬的，之后并没有什么联系。去年他在同济介绍"共有之家"等项目，再次见到他，也得知他现在云南大理工作和生活，看起来一种挺自由的状态。改革开放30年，建筑师是最大的赢家之一，建筑师似乎有做不完的项目，经济上也收益颇丰，有时不免流露一丝土豪之气。赵扬这一代年轻建筑师能够追求一种更为自由的生活状态，难能可贵，也衷心希望他在建筑上取得更大的成就。好了，发表这么多建筑师点评其实并不在我原先的打算之中，也似乎已经偏离了今天的对谈主题，让我们就此打住吧。**END**

建造过程

# 都城（外滩）精品酒店
## METROPOLO CLASSIC HOTEL

| | |
|---|---|
| 撰　　文 | 叶铮 |
| 摄　　影 | 叶铮 |
| 资料提供 | HYID·上海泓叶室内设计咨询有限公司 |
| | |
| 地　　点 | 上海市南京东路98号 |
| 面　　积 | 约10.000m² |
| 设计公司 | HYID·上海泓叶室内设计咨询有限公司 |
| 主创设计 | 叶铮 |
| 参与成员 | 陈佳玲、陈佳君、熊锋等 |
| 主要用材 | 丝绒、皮革、木地板、达尼罗特殊涂料、各类镜面、 |
| | 夹胶玻璃、金属、雅士白大理石、手工地毯 |
| 竣工时间 | 2010年~2011年 |
| 竣工时间 | 2014年8月 |

1　入口门厅
2　夜色中酒店的泛光照明

本项目位于拥有中华第一街美称的上海南京东路，邻接黄浦江外滩口，是一处承载着厚重历史记忆和人文信息的建筑。如此优越的地理位置，已在相当程度上暗示出设计的潜在方向。该建筑约 10 000m²，由前后南北向两幢楼组成，原址前身为南洋烟草公司。由于改建前的建筑是以办公功能为主，因此，本次改建成酒店功能时，有必要对原建筑进行整体调整。

**探索历史记忆与当下文化的共生**

建筑的改建分别从外部立面与内部空间两部份展开。在建筑外观上重新组织了立面构图与分段比例，基本保持原有立面的线条风格，着重梳理建筑的上半段与下半段，并按内部功能需求调整立面窗洞位，统一立面分割的秩序感，在原有基础上建立新的建筑新形象，并与邻接的和平饭店保持形态语言上的联系。

建筑的内部空间仍是改建的重心所在。为符合室内建筑的要求，设计伊始就进行了较大规模的结构改造。由此连通了南北向前后两幢楼的流线，拆除了空间中一些楼板，形成了局部空间的共享与挑高，从而建构新的

空间节奏和序列。因原建筑是大平面层的办公用房，改为酒店客房后，中间地带均为暗室，只有南北两侧的沿街立面有窗位。因此设计安排了 3 个垂直向的空气井，将楼板层层打开，以满足中间地带的客房，同样保证采光与通风要求，同时空气井的内壁将覆盖垂直绿化幕墙，营造出建筑内的立体花园，并由此增加了 40 余间客房。

继建筑空间改建后，室内设计开始着手建立酒店最终形象。整个设计同样以地理位置为概念出发点，追求时尚与传统的多样融合，致力将海上文化的昨日与今天，演译成空间形象的解读，探索情绪化的历史记忆与当下文化的共生，充分展现意象中的上海，并将意象的情绪投射到空间精神气息的营造：一份上海独有的优雅与包容，一种东西方文化交汇后的浪漫。同时，在功能布置上，设计理念锁定在精品与经济之间的融合，精选了一部份最常用的功能配置，配以合理高效的空间面积，为日后的酒店运营，从设计伊始提供保障。

在上述基础上，室内设计由色调概念与空

间组合开始。色调概念引领着室内气息控制，空间组合决定着功能进展与体验节奏，继而深入到材质、照明、造型、陈设等等。本室内设计中，暗红与深灰的组合是空间的主色调，以表达低沉浓烈的优雅与怀旧浪漫的气息。设计围绕着这一气息，在用材上选用了红色丝绒帷幕、深色长木地板、仿古车边镜、皮革、马赛克、仿旧皮书籍、水晶玻璃、仿旧古铜、幽暗的照明等，造型上再配合部份古典原素：如线脚线框、枝型吊灯、纽扣钉沙发、蜡烛灯杯、以及时尚的陈设造型，共同混杂烘托出空间强烈的场所气息，进而使整个空间有一种戏剧般的剧场感，恍如时空交错，产生意象中的遥远体验与现实岁月的梦幻交融，隐喻出魅影人戏的环境错觉，使来宾仿佛穿梭于浓缩的时光舞台之中。

**营造空间意象**

本酒店空间主要分为公共区域和客房区域（除后场部份外）。主要功能有入口门厅、大堂、咖啡厅、酒吧、餐厅、会议、健身、各类普通客房和高级套房等。空间设计按功能流线进行节奏组合，引导人流情绪起落。

　　首先是酒店沿街入口，处理成安静低调的小开间，一反通常酒店入口的高大光鲜。由入口进到门厅，看似狭小的面积却别有洞天，一反南京路上的喧哗，使酒店内外，仅一步之遥便拉开反差，顿然催人安静。8m 高挑的空间，将原二层楼板局部打开，两侧立面上暗红色的丝绒帷幕如瀑布般从天而降。中央悬吊着别致的黑色秋千吊灯，成为空间的视觉焦点，同时透过墙上红色夹胶玻璃，隐约显露出二层大堂和酒吧的神秘气息。

　　二层空间是整个酒店的设计重心。一条以书架陈列的横向走道，贯通着大堂、酒吧、咖啡厅、餐厅，并与纵向空间十字相交，构成纵横主轴场空间。室内设计充分将各区域边界打开，相互贯通，在功能经营上又可相互重叠，互为复合。空间设计突显轴场对位和焦点陈设，建立空间的层次段落，使空间充满气韵张力。同时，空间还设有次轴场线的布置，进一步丰富了空间的层次变化。而所有轴场线的交汇处和起始点，均成为了该酒店设计中的亮点。

　　二层空间的设计是从上述轴场线开始。横向走道的设计基本定格了整体室内的格调。侧向透光的立面，映衬着两段超长的书架；深色地板上的暗红色手工毯与走道中央垂落的深红色帷幕，营造出一种书卷气般的优雅与古典低调的贵气。而走道中央一组几乎垂地的时尚吊灯，被倒影在黑镜地坪的圆型图案中，成为酒吧、咖啡厅的空间序幕。在纵向主轴线这又一视觉焦点处，陈列着长条形的大型酒吧桌，通过不同三角折面的造型组合，宛如一艘前卫的兵舰，在银灰色金属漆板的质感对比下，与四周环境构成强烈对比，并在其上空配有三盏红色灯罩的古典水晶枝形吊灯。而位于纵轴场线其后的底景，则是马赛克船形酒吧台。该吧台贯穿大堂至咖啡厅的横向次轴场，再次与纵向主轴场线成十字交汇，并在二层如剧场包厢般的挑台中，通过底层入口门厅高挑的共享空间，使人享赏到越层穿透的多维空间。酒吧台另一侧的区域旁，空间布局转了90°角，环境相对显得独立。在此，陈列着长条形的巨型拉钉沙发，背后皮革墙上内嵌着时尚条形壁炉和低垂的仿牛角吊灯、红色垂幕、车边镜等，再次成为咖啡厅空间的特色，又与沿街的落地窗设计，共同表述着对往日时光的记忆沉积，在暗红帷幕的包围中，频添了几份剧场般的体验。同样的体验，在二层男女卫生间的化妆镜和专业化妆照明灯具中，被更清晰地再现。

　　二层西侧的大堂，同样是酒店形象的又一绝好体现，设计放置在二层，更是为了营造恍若隔世的意境。略显浓重的色调，古典与时尚的陈设混搭，无不散发着酒店的静谧与幽雅，更体现出海上文化的包容。前台设计成管家式的坐式服务，充满亲和力。大堂不大，却不乏精致经典，设计手法平和安详，是一个颇具特色的低调空间。

　　餐厅设计位处二层后楼，是空间序列中的又一高潮。该空间打通了原前后两幢楼的墙体，使大堂吧与餐厅相互贯通，同时又打通三层的楼板，形成又一高挑空间。色调一反前楼的低沉幽暗，采用大面积明亮的浅白色与蓝绿点缀，使空间豁然开朗。餐厅由高区与低区两部份组成，低区部份由深兰灰色的立面包围，并衬托中央亮白色调的高区空间。外围的低区，家具布置相对规整统一，中央高区的家具布置则相对多变轻松。餐厅一侧没有一间包间，内部的壁灯颇具意味。

　　该建筑因平面多变而使房型众多，共计110余套，大至分为普间、大间和套间。普间一般在 35m$^2$ 以下，大间约在 45m$^2$，套间可达 65~90m$^2$ 间。大间和普间从三至十一层分布其间，按楼层的奇偶数之别，分为红、蓝两色系。客房设计充分将卫生间开放，漱洗区设计成客房的视觉亮点，红、蓝两色夹胶玻璃隔断用来分割空间，使设计更显时尚与温馨。套房有A、B、C 三种房型，分别为褐、红、蓝色调构成，分布于九至十一层，设计手法更是突显时尚与传统的混合。九层套房还拥有绝佳的露台，坐拥城市景观，一览浦江两岸及南京路的繁华美景。值得一提的是客房层走道的设计。幽深的走道，除房门之外，被整体涂以深灰色涂料，间隔的聚光射灯被刻意布置于乳白色房门上方，照亮

中庭垂直绿化

房门入口的同时，更照亮了印制在地毯上的房号，一反房号设计的惯例，带给客人惊奇和喜悦。

　　M- 外滩经典酒店的设计，是一个整合建筑、室内等多专业的设计项目。设计追求地域所导致的历史人文印记，着手意念化设计思维，将不同时空的文化意象进行艺术化地重构，使片段的历史记忆与主观臆想相互交融，旨在营造一种上海特有的优雅与诗意。END

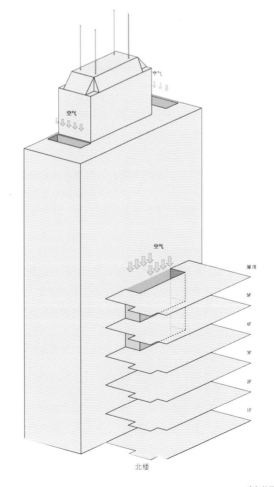

北楼

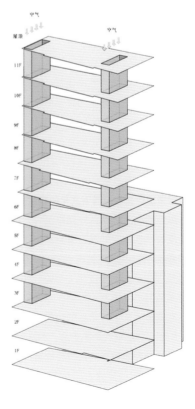

南楼

空气井示意图

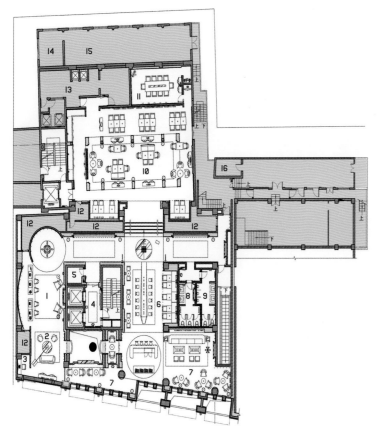

二层平面

| | | | | | | | |
|---|---|---|---|---|---|---|---|
| 1 | 大堂接待区 | 5 | 服务间 | 9 | 男卫 | 13 | 厨房 |
| 2 | 大堂休息区 | 6 | 酒吧 | 10 | 餐厅 | 14 | 变电室 |
| 3 | 上网区 | 7 | 咖啡厅 | 11 | 包间 | 15 | 配电室 |
| 4 | 电梯厅 | 8 | 女卫 | 12 | 内部用房 | 16 | 移动机房 |

标准层平面

| | | | | | |
|---|---|---|---|---|---|
| 1 | 电梯厅 | 5 | 服务中心 | 9 | 配电室 |
| 2 | 储藏间 | 6 | 会议室 | | |
| 3 | 男卫 | 7 | 服务间 | | |
| 4 | 女卫 | 8 | 库房 | | |

| 1 | 2 | |
|---|---|---|
| 3 | 4 | |

1　门厅上方吊灯
2　二层西侧大堂
3　二层咖啡区
4　吊灯在镜面大理石上的倒影

1　咖啡区一隅
2　酒吧区局部
3　吧台

1 4
2 3

1-4 餐厅及走廊

| 1 | 2 |
|---|---|
|   | 3 | 4 |

1-4　各种风格的客房

# 韩冬青：回归这个时代建筑的最本质

撰　文｜宫姝泰
采　访｜徐明怡
资料提供｜韩冬青

韩冬青

生于 1963 年 11 月，江苏省靖江人。现任东南大学建筑学院
教授，博士生导师。为国家一级注册建筑师，城市设计专家，
城市设计理论家。东南大学建筑设计研究院总建筑师，UAL
城市建筑工作室主设计师。

1994 年 获东南大学建筑设计及理论工学博士学位
1997 年 任教于东南大学建筑系
2001－2005 年 任东南大学建筑学院副院长
2007 年 创办城市建筑工作室（UAL）
2010 年 任东南大学建筑设计研究院总建筑师
2011 年 获评江苏省设计大师称号

ID =《室内设计师》
韩 = 韩冬青

# 选择与震撼

**ID 您小的时候有没有做过跟建筑有关的事情，比如说我听说您喜欢画画，这和建筑有关系吗？**

**韩** 学建筑是从上大学的时候才开始的，小时候完全没想到跟这个有关。我读小学是在江苏靖江的农村，那时候大部分学校是没有美术老师的，但我们有一个，蔡老师，他是美术专业出身。除了美术课的课程教学，他有时候会带我们出去一起画着玩儿，画农村的田园风光、油菜花啊之类的。我是比较喜欢画画，这样有时候也会自己胡乱涂抹。但当时完全就是一种莫须有的兴趣，没有任何目的性。

**ID 大学的时候您是怎么选择了建筑这个专业呢？**

**韩** 1980 年我考大学，当时江苏考大学是先考完，知道成绩了，才去选志愿，所以选志愿的时候要分析一下这个分大概能够上什么学校啊之类的。我总是觉得要学一门比较实在的手艺，但是到底要选什么，不是很有数。我们中学有个师兄，他是 79 级，在同济学结构。他放假回家，看到我在选志愿，就说："我给你介绍一个专业，你应该学建筑。建筑很好玩，我看建筑系的学生没什么课，成天拎个画夹子到处画，我觉得这个适合你，因为我听说你喜欢画画。"我也不知道建筑学是怎么回事，听他这么一说，觉得这个专业肯定好玩儿，就选。

**ID 选了之后才发现和想象中的不一样吗？**

**韩** 哎，进来之后才发现，建筑学完全不是我想象的那么回事。一进门，当时东南是叫南京工学院，他们 78 班，为了欢迎我们新同学，就办了一个画展。规模很大，因为当时他们 78 班有 50 多号人吧，每个人都有作品，非常丰富，包括孟建民、顾大庆这些师兄，画得非常好。美术方面不是特别擅长的师兄，就拿了建筑效果图去参加展览。当时对我们入学的人来讲，都觉得这个非常难。 第一个印象就是觉得建筑学要会画，后来才知道远远不是那么回事儿，还有很多很多知识要去学。半个学期下来，我们就发现了这个肯定是南工最辛苦的专业，我们开夜车就变得很正常了。

**ID 大学时期在南工印象最深刻的是什么样的一些事情？**

**韩** 我觉得印象最深刻的就是南工的老师，他们的专业水准和教学的敬业精神。我们班今年毕业三十年聚会，还说起这些事儿。以前我们的设计都是手工制图，在做正图之前，要交一次定稿图给指导老师，老师会帮我们看一遍，再把图纸还给我们。我记得我有很多次的定稿图给老师改完时候回来上面全是红的，非常多的细节，老师都会帮我们改出来。都有老师改图改到我们宿舍里，因为她搞不清楚我们图什么样儿了，可能晚上乱开夜车到早上还没起来，老师就追到宿舍里去改图。

**ID 在大学里您印象最深的是哪几位老师呢？**

**韩** 其实每个老师都很有个性。比如说设计课的孙仲阳老师，他就是严厉当头。其实孙老师也不会去揭短，但他不能忍受你很多坏习惯，痛骂！后来我读研究生，我的一个师兄弟，他画硫酸纸图的时候，没有吃早饭。他这个手拿了一块馒头，大概旁边还有一块烧饼，在画图。被孙老师看到了，要把他赶走。当时我们在一个宾馆里面加班赶设计。孙老师说，你回去，不要画了。后来王文卿老师出来打圆场，也是"承认错误，坚决悔改"，才留下来。

**ID 看来您当时规矩很多啊，您现在会把这些规矩留给您的学生吗？**

**韩** 不会全留的，因为现在我觉得方法要改变，那个时候的家庭里面的父子之间的关系跟这个是很像的，很严厉，可能爸爸是非常非常心疼孩子的，但表现出来的可能却是痛打一顿。那个时候老师也非常非常严厉，但是你能感觉到老师是非常在意你的。现在社会背景不一样，老师不可能这样对学生，我对学生是比较严厉的。但现在对学生主要还是靠交流。尽管如此，我的学生或许仍觉得我是比较恐怖的。

**ID 您那个时候的师生传承都是靠这种心领神会的方式吗？**

**韩** 我觉得那时候师生间的一种传递，很有意思，并不都是那么直白的。它是一种体会，你看了别人的东西就会有所感触，好与不好，一比较就出来了。当时我们很大的一个感触，南工的老师太厉害，我们其实是很压抑的，学生年代不容易培养自信心出来。我记得我们中建史课的杜顺宝老师，在黑板上，不用粉笔擦就画一个斗拱的立面图出来。也不用控制线之类的，就这么从左上角画到右下角，这些斗拱就全部画完了。我当时简直觉得这是没有办法混下去的一件事。

还有一次，钟训正老师有几幅画被放在过道的橱窗里面展示。一堆人就嗑在那儿，一边打赌，说钟老师的这个画，究竟是用器画还是徒手画。当然我们都知道钟老师很厉害，但有人说再厉害这也不可能是徒手的。一直到后来我跟"正阳卿"（钟训正、孙仲阳、王文卿）读研究生，钟老师说"你们看到的那个是徒手的，之前我的透视求作是准确的，那是用尺子求作的，求完之后，再用纸蒙在上面画出透视图的时候已经全部是徒手的了"。当时我就觉

得这样的老师对学生到底是一种什么影响，它会让你觉得你还有很多很多很多事儿要做，你要非常非常努力！

**ID 您的建筑的启蒙是什么样子的呢？**

**韩** 我感觉学建筑我自己跟同学不太一样的，进入不是很早。我们那时只读四年，差不多到了二下，我才大概明白我们这些人以后要干什么。其实课也都有，像设计初步，另外美术课，其他还有建筑制图课啊，还有技术线上的课程。但是我是差不多到二下，才发现这些课有可能联系成一个整体的行当。

我印象非常深刻，二上的时候我们去资料室看资料，我觉得不是每个资料上刊登的案例，那些平立剖，都能够自己通过思维把它对起来。

差不多我到三年级再去资料室看那些作品的时候，我一看别人的图，能想象他的房子什么样，不完全依赖他的照片。

**ID 您是怎么从懵懂状态到后来自己可以顺利去做一个设计了呢？**

**韩** 慢慢发生的，我觉得到了三年级我才突然体会到我做到了，在这之前是怎么慢慢走过来呢？

我也是做老师了才回想这件事情。我想一个是因为我这个人属于慢熟型，我会比较认真地去领会老师的意图，认真观摩同学的作品，他们的一些好的东西我会比较欣赏，比较吸收。到了高年级，我跟老师最严厉要求的那拨人，并没有太大的差距。就好像老师有的时候觉得我的设计也不错。

# 风潮与理性

**ID 在您读研究生的那个年代，后现代主义非常流行，学生之间也挺羡慕的，有没有受到这种风潮影响呢？**

**韩** 很有影响，也有狂热分子。当时我们比较崇拜的就是什么文丘里、查尔斯·詹克斯的那种，说现代主义已经死亡了，现在就是后现代主义的天下了。

**ID 但那时候国内的学风还是比较注重现实的吧？**

**韩** 我是大学毕业之后去扬州工学院工作了四年，然后就考研到"正阳卿"这里来了，除了修课之外就跟导师们做设计。他们会非常非常在意建筑跟环境的关系，每个项目都会仔细推敲，不管是城市环境，还是在自然风景里的环境，人是怎么去体验这个建筑的。在手法上面呢，其实不主张太过激进的手法，而是选择比较喜欢温和的东西。就比如说当时社会经济所能达到的状态，当时施工的水准，结构工种比较习惯用的选型等，他们很在意这个条件，并非一个非常革命性颠覆性的东西，会搞得很多系统不适宜。这叫做"比现状前进一步"，我觉得这是适合中国国情的，是一直会有价值的。

**ID 会和新思潮产生冲突吗？**

**韩** 有两件事。第一件，很偶然，但对东大来

说也许就是必然的，后现代在中国很起劲的时候，当时刘光华老师从美国回来办了一个讲座，后现代主义到底是怎么回事儿？不完全是媒体、建筑杂志上说的那么回事儿。美国的房地产啊，特别是商业和商务项目，这么多年的现代主义使得视觉疲劳了，必须要有新的元素。带山花的电话电报公司大楼，成功之处就在于大大促进销售。这个事情对我的刺激非常大。

第二件事，我有一个同门师兄弟，对符号学感兴趣，硕士论文他写符号学在设计中的运用。当时也非常非常时髦啊，把很多建筑设计的形式问题用符号理论来重新解释。钟老师特别睿智，答辩的时候，钟老师问了一个非常有趣的问题，他说这个论文整个都是用符号学来解释建筑设计是吧，你觉得是先有建筑还是先有符号学。当时这个问题一出，我在一旁觉得刺激太大了，我觉得钟老师问了一个非常本质的问题。他说自己不是建筑理论家，但我感觉老师对建筑的理解是非常本质的。他用一个轻松的方式来忠告我们，不要因为一个主义一个理论出来了，就当这个东西就是建筑学的全部，它不过是其中很小的一部分，你去想想也无伤大雅，但是你不

能把它当作新的金科玉律，这样会重新束缚住自己的脑子。

**ID 这种务实的反思和东南的学风有关系吗？**

**韩** 嗯，总的来说南工的整体氛围还是比较务实的，这跟我们的前辈学者有很大关系。就是学术的传统，有很多的故事它会提醒你去思考这些问题。比如，童寯先生是大家很敬重的建筑理论家，但他首先是一位建筑师。他说学建筑学首先要保证自己有饭吃，然后你有条件再去研究理论。我们读本科时，童先生成天在期刊室埋头著述，他曾戏言自己为什么搞理论呢，他说因为现在我已经不做设计了。理论一样是可以务实的，理论不能与实践中的问题脱节。实践是理论的源头，也是理论的归宿。

**ID 这个过程对您的建筑观影响大吗？**

**韩** 对于建筑，我认为建筑存在的理由就是有需求，很多事要在这个空间环境里发生。那么把这个需求的事儿解决的比较好，同时又不牺牲太大，比如说成本和环境的代价，我觉得就行了。我是越来越不会把建筑看得太过神圣，建筑学的目标总是寄托于社会需求目标的。现在有一种思想观念，就是把建筑学看得太过独立了。建筑是社会因需取用的

孙权展示馆主馆入口

一个学科，它总是要去应对社会的需求。但是社会需求有的是很稳定很内在的，有的却比较表面，只存在于特定的社会状态。比如说现在很多人都希望把造型做得非常夸张、刺激，个个都要表征一个什么精神标志，或者是商业上的一种刺激，这也只是一个时段而已，真正通过历史积淀留下来的那些经典的案例，并不是这些东西。它还是要去回应那个时代某种本质的文化问题。

**ID 之前研究生阶段您是在钟训正、孙仲阳、王文卿老师的"正阳卿"研究室，之后博士阶段您怎么会选了鲍家声老师的呢？**

**韩** 坦率说并不是主观上有计划地读博士。那时候博士生很少，我也没有去想这个事儿。偶然的，我都已经快要毕业了，突然说东大新增了三个博导。一次遇到鲍老师他带的硕士生，吃饭的时候聊，哎，鲍老师带博士，韩冬青你不考一下吗。我当时的确为毕业后的去向纠结，内心还是比较喜欢高校的环境，后来就抖呼呼地跟鲍老师见了一面。鲍老师当时正开拓"开放建筑"（Open Building）的研究，鲍老师选学生很严格，一番正式和非正式的考核后才同意招我读博，钟老师还为我做了推荐。我的博士学位论文选题就是在这个方向下做的。

**ID 那个年代博士应该很少吧？**

**韩** 那个年代博士生毕业很隆重，当时项秉仁老师在东大拿到博士学位的时候，他是第一个，基本上国内德高望重的前辈学者悉数到场。为什么我一开始没有去想博士这个事情呢，因为觉得这个太遥远了，就好像一尊镀了金的菩萨一样。我读博的那一届东大建筑系也就两个人。答辩前，国内当时一共十五个人写评阅意见，吴良镛、张钦楠、罗小未、聂兰生等老师都是评阅专家。当时，鲍老师也是第一个博士生带出来，他很慎重。我更紧张，觉得他们如果不认可就没人能救你了，因为都是国内一流的大学者。还好，各位评阅老师的评价都充分肯定论文的成果。

鲍老师给予我的最大教益有两条，一是整体思维的习惯，二是坚持不懈的精神。答辩由齐康老师主持，同济的卢济威教授和天大的聂兰生教授被请过来参加答辩，后来去同济博士后流动站工作也是因为卢老师过来参加答辩才有的缘分。

**ID 您后来博士毕业之后去了卢老师那边的博士后流动站，之后就涉足城市设计了吗？**

**韩** 我觉得自己非常幸运，我在不同的阶段都遇到很好的老师，卢老师为人又好学问又做得特别扎实。我在卢老师哪儿也得到终身受用的东西。第一个，城市作为一个环境的整体如果出了根本性的问题，建筑个体是挽救不了的。局部只能推动或修正但难以撼动整体系统，城市设计就是要解决这个整合的问题。第二点呢，我觉得卢老师给我一个很直接的启示，城市设计并不是我原来想象的那样只是规划构想，它是要落实的，的确可以通过城市设计把城市环境的优化变成现实，但是做这件事要费很大的劲。

**ID 卢老师是怎么样实现城市项目的落实呢？**

**韩** 城市设计的概念出来之后要落实到很多部门，这些部门平时都是条块状的关系。卢老师花很多力气跟各个部门协调。比如上海静安寺地铁站地段的城市设计是卢老师主持的，这个设想变成现实，是卢老师锲而不舍的精神和高超的专业能力的结果。另一方面，卢老师的实践能力够硬，他善于把一个城市设计的整体计划，分化为很多具体的却又彼此关联的工程单元。静安寺实际上不仅是做了一个寺庙和开放型公园的设计，下面有地铁站，有商业，有社会停车。地上地下、自然与人工、动态与静态等等关系都需要既分又合的梳理和工程落实。这方面实践与理论的统一，他是最早的成功探索者之一，有很大的示范性。

1 | 2

1-2 孙权展示馆

# 实践与挑战

**ID 您的城市设计生涯是始于以怎样的契机呢？**

**韩** 从卢老师那儿结束之后回东南大学，是也是很偶然的一个机会。我写的博士后出站报告，专门写城市和建筑交接部的东西，叫"城市建筑综合系初探"。后来东大出版社正在准备城市领域的一个系列文集，我和冯金龙老师合作对原来的出站报告做了补充和调整，为了便于理解，后来的书名叫《城市建筑一体化设计》。当时，南京市规划局觉得南京新街口地区的环境需要整理，就策划进行城市设计，在这之前他已做过很多工作了，觉得还是没有解决问题，也说不出来为什么。当时规划局的老总曹蔼秋老师，通过学校说，我看过你们韩冬青写了本书哎，能不能叫他过来谈谈。谈过之后，曹总就说"这个事交给你，你回去想办法，反正你得把我们新街口的事儿给说明白了"。就是从这个事情开始，我回东大之后就开始做城市设计。我觉得做了这些事情对自己的进步也有好处。

**ID 城市设计对建筑设计也有帮助？**

**韩** 它帮助你从比较宏观的角度和层面去理解建筑的问题，突破了建筑单体的视野。我们团队一直是两条线在走，建筑也在走城市也在走。对我个人来讲，在这两个层次里摆动也确实有促进。有时候发现建筑设计上的问题，相当一部分都出在跟城市关系的处理上。我去参加很多项目的评审或评标，就发现输在总图上的案例很多。其实很可惜，你能看出来这个建筑师其实是很有才华的，设计能力是很强的，但是可能疏忽了跟城市的必要关联，导致那个方案就不好用。你又没办法在建筑层面解决，就觉得非常可惜。

**ID 新街口应该是您的第一个城市设计项目，在您的设计生涯里有没有印象深刻的建筑设计项目？**

**韩** 南京仙林新区的森林公安专科学校，规模不大，规划人数 4 000 人。当时这个学校的规划做招投标，我们中标。主管的张校长找我们谈，

问应该继续去做建筑单体的投标，还是由你们继续做下去。当时我跟他很坦诚地分析了两种利弊。我说，你要是想看到各种各样的可能性，那单体投投标是一个办法；但是如果你时间不是很多，又希望控制整体的效果，那么还是可以按照现在的思路，由我们继续深化做下去。张校长就说，韩老师你这个意思好像是欲迎还拒的样子嘛。我说那要看我们做的东西和你的预期相差大不大，如果不大，只是深度不够，我们可以尽快地做一个建筑方案出来。后来校长觉得我的讲法的确是比较坦诚，他说你们就很快地做一个，出来之后他们还比较满意。

**ID 自己的评价是什么？**

**韩** 那个项目，因为有地形、造价的控制，再者森林公安行业本身就比较特别，并不是完全能够套用常规校园的一些东西，我们坚持从特定的校园整体环境的层面做判断。我和冷嘉伟老师合作主持设计，自己觉得处理的还是不错。在去看过的人中，口碑都很好。一个普通的校

园，不过走起来挺舒服的，后来七七八八也得了几个奖。这个项目效果比较好，最有功劳的应该是业主，他们很敬业，也尊重建筑师的意见。冷嘉伟老师善于坚守，工地现场的许多问题都因他的细致和耐力才避免许多失误。

**ID 最近有什么新的项目您觉得比较有趣可以介绍给读者吗？**

**韩** 最近正在做的项目，我觉得挺有收获的，催人学习而后进步，就是金陵大报恩寺遗址公园。一开始主要是按照复原的想法，由潘谷西先生主持，并和陈薇教授等组成一个大的团队做出大报恩寺的复原方案，实际几乎所有的施工图都做出来了。但潘谷西教授提出勘查一下原来的塔的位置，做考古发掘，结果发现地宫和佛祖释迦牟尼的头骨舍利，这就变成了当年度的一个重大考古发现。随之，项目的定位也就转向遗址公园。为此专门组织了国际竞赛。东大由王建国教授、陈薇教授和我联合主持规划设计竞赛方案。此后又为大报恩寺琉璃塔遗址保护工程进行国际专项设计竞赛。我们东大的团队两次获得第一名。

这个项目的确非常难，它要解决很多问题，本质上它最基本的功能是要解决遗址保护和展示的问题。遗存下来的基本都是土遗址，局部石材构件。怎么把它保护好，是文物系统最关心的事情；在保护基础上还要加以展示，这就变成一个遗址博物馆的特定事情了。其间，方案多番磨合，建设期间一边施工又一边做设计调整，遗址博物馆施工时，挖地基时又发现了宋代的遗址，设计就要改。最后这个项目，好像很难随意套用既有经验。从它的形态设计到结构处理，从遗址保护和展示的方法到材料的运用都有一些新的探索。

**ID 您觉得特别突出的难点在哪里？**

**韩** 难点存在于两个维度。第一，环境现状复杂，所以在空间状态上是很难驾驭的；第二，这一类题材一般都跟历史信息纵观相连，要有很好的分析和判断能力，非常需要历史知识，搞不好，出了错你都不知道。无知无畏的情形是很容易在这个领域发生的。我真切体会到学科合作很重要，比如说，我们和陈薇老师一起工作，很多知识我们不具备，陈薇老师是建筑史的行家，就向她请教。

**ID 和以前的古塔复原有什么不一样的地方吗？**

**韩** 形式、结构和材料都不同，但依然可以看到古塔的"影子"，我们继承了潘先生做的复原塔的比例和节奏特征。

还有一点很有意思，它的空间体验是以前所没有的。比如说这个塔的顶部，传统的中国古塔，其塔芯要一直通到顶部塔刹的位置。我们现在这个方案，塔的顶部是一种虚空的状态，塔芯没到顶部就结束，其上部是一个"云中佛殿"，用一种精神性的空间在高空做结尾。我觉得这是游客经历层层攀登后在心理上所期待的。人们在此不仅可以观览周围的风景，还可以在这个塔的内部得到一种内心的沐浴。这算是个小小的突破吧，中国古塔到了顶部，空间是极小的。

**ID 做这些项目的时候您有没有遇到过一些合作上的问题或碰撞呢？**

**韩** 建筑设计需要很多知识，很多专业的密切配合。像室内设计，我们现在的普遍问题就是行当分野过度，建筑就是做到土建完成就完了，然后下面就变成所谓的装修了。我觉得不该是装修，应该还是叫室内设计，它要有意念、有设计、有整体。如果建筑设计跟室内设计脱节，室内设计师不知道建筑的整体意图，只能往里面堆很多东西，每一个空间界面，每一个局部，从界面到陈设，全部都要放满，这只能是堆砌。我比较关注室内场所感的表达，而不是直接表达那些物质本身。有的时候元素太多，不免感觉都要把人"吃掉"了。为了相对控制得好一点，我们有时就提供义务的室内设计，或者是跟室内设计团队去碰撞。比如博物馆展陈的宗旨有两个，一个是展品要展好，第二个是让观众得到尊重。所谓的好，都是当人穿越展馆之后，获得的一个印象是美好的，记住了其中一些最重要的展品，而不是其中的装修。设计实践是无法离开积极有效的合作的，在意图明确的前提下，常常是合作的状态决定设计的整体品质。碰撞难免，需要虚心学习对方和积极的互动。

# 回归与展望

**ID** 您现在年龄差不多50岁，很多人评价说对建筑师来说这是一个最好的年龄也是一个瓶颈的年龄，因为一方面有了经验积累和平台，自信比较充足，一方面对于新知识的吸收却可能有阻碍。您觉得您对这个问题的看法呢？

**韩** 遇到这个问题啊！虽然我可以说比十多年前会更有信心一点，但是从另外一个角度来说呢，又是到了一个信心开始倒增长的时段。实际上，这个行业里的知识是海量的，所以客观上不存在饱的时候，这个是我的一种基本状态吧。我们自己可以有一些方法去克服止步不前的惰性，动机必须是内在的，不是说感到有危机了才开始准备，这个行业里永远有值得我们去开拓的领域。

**ID** 那您觉得中国建筑未来的发展会对建筑师提出什么样的要求呢？

**韩** 经过了一个花花哨哨的时期之后，这种状态不可能持续下去的。官员也好，大众也好，业主也好，总是越来越进步，越来越聪明的，越来越本质地知道，我们为什么要盖房子。未来的建筑师呢，比以前，既要更具备价值判断能力，又要更有知识，更有技术手段，真的要掌握很多硬通货。未来的建筑会怎么样呢，会越来越接近返回建筑的本质。要用最少的资源，最高的效率，最大程度地实现恰当的需求。而且要控制需求，适度的需求，比如说过奢华之风就不是一种合宜的需求。设计的创意要贴近宜居的本质。

**ID** 您觉得未来建筑发展的方向呢？

**韩** 方向或许多元。我们最近讲绿色啊讲低碳啊讲可持续，有很多很多新词，但更需要脚踏实地地去探索，一些具体的观念和方法需要仔细斟酌。比如说节能建筑，绿色建筑的评价，全部把宝押在设备硬件系统上面，这个思路是可疑的。城市的形态系统问题，建筑的空间和实体部分是一个联系的整体。一个空间，怎样的形态才是顺应自然的、利于汲取自然的可再生资源，比如风啊阳光啊。一个结构体系，怎样是最高的效率，安全的同时又是高效率的。

现代主义把建筑解析成骨骼和围合两套体系。现在建筑的骨骼变得越来越不可识别，躲起来，表皮开始越来越复杂。在骨骼向表皮过渡的这个构造领域里面，材料构造方法越来越堆砌，越来越重，使得建筑越来越负担过大，设备也是这样对接上去，建筑物质体系变得越来越臃肿，我觉得这不是一个方向。方向应当是越来越轻物质，要自然的、轻松的、简洁的、高效的，更是整体的和有序的。

**ID** 教学方面您还承担本科教学责任吗？

**韩** 本科生、研究生、博士生我都带。本科教学的过程我比较重视，让学生觉得他在主导而教师只是帮他做成这件事。设计这件事是他要做，而不是你要他做，这个状态才对头。我现在做本科教学的时候，基本上按照这个思路做。而研究生呢，是倒过来的，我的研究生都很不容易。我会让他觉得他存在于一个网络之中，他没办法绝对独立地工作。因为他们能够独立做的事情有许多，比如说修习课程的学分，你听课交作业就行；听什么讲座，在外面参加什么设计竞赛，都是鼓励的，有自由的安排。但是在工作室呢，没办法只讲独立了。你可能这件事是被动的，是由主导的那个工程负责人或者是专业负责人，或者是由你的师傅他带领你做这个事情，那么你会觉得跟本科做课程的东西很不一样，好像没有办法自由地施展才华，会被逼着做很多可能觉得很枯燥很具体的事情。但只有经历并超越了这种约束，才能领略自由与独立的真正意境。

**ID** 对很多学生来说这种感觉一时很难接受吧？

**韩** 要完成这种转换，其实他心里的煎熬我是知道的。他可能一下觉得，呀！我本来要做什么的吗，做很有想法的事是吧，但是现在，我是按照你的想法帮你完成，他觉得这个工作很被动。问题在于：不懂得配合，就难以学会主导。我会跟他们说这些事儿，引导他在做被动的动作的时候获得主动性。你理解这个动作的意义，你能在这个动作中学会什么东西。我说这些是你执业的时候必然要客观面对的，而且你面对的会比现在更复杂。也可能画半天，被老师毙了，很正常，你重做。要成为一个执业建筑师一定要过这个关，一定曾经有过一个阶段你很被动过。没有在底层工作的经验，就想做成大事啊，难嘛。而且要学会积累，一开始不会是项目负责人的，在这个过程当中基本功最要紧，那么你的师傅就会愿意带你，慢慢的机会就会多，就会变得更主动。如果一开始人家让你做的事你什么都做不好，除了提出创意没有别的了，那怎么合作呢？十年一剑，不是吗？

**ID** 关于您平常的生活。您平常除了做设计，教书，有什么爱好吗？

**韩** 我的嗜好说起来也没有什么亮点，喜欢旅行，大学的时候就是。旅行也不见得一定是出远门，在南京也行，市里面郊区啊都可以。有时候是去涂涂画画，有时候写生工具带了，但又不见得真画，或者画一半就回来了。就只是去玩，后来觉得玩也有价值，好像玩的时候也有收获

的。它会给你一些触动，但这些东西都不系统。还有一点嗜好，喜欢聆听他人的海谈阔聊，不过是有选择性的。

**ID** 其他的呢？比如和家人相处的时间？

**韩** 然后我比较喜欢发呆。就是如果什么事儿都没有，对我来说是最好的，想让自己的脑子空下来。我最喜欢的是这样一种状态，但是现在很少能够做到。最好就是有时间回去跟女儿聊聊天啊玩玩啊什么的。因为不大有时间跟她聊，所以也挺遗憾的。家里好像港湾，可以不讲理，原形毕露。**END**

|   | 2 |
|---|---|
| 1 | 3 4 |

1-4 南京河西区圣恩堂

人
物

# 镇江市丹徒新城科创中心

资料提供 | UAL城市建筑工作室
摄　　影 | 耿涛

地　　点 | 镇江市丹徒区
建筑设计 | 韩冬青、王正、孟媛、何敏鹏、傅轶飞
建设单位 | 镇江市丹徒区科创投资有限公司
结构设计 | 王志明、邓纹洁
建筑面积 | 20 477m²
规划用地 | 29 899m²
竣工时间 | 2012年8月

　　如何在场地宽松，建筑规模、高度有限的条件下塑造整体有力、具有符合工业园区建筑气质的标识性建筑形象？设计将建筑分为上下两部分：底层厚重的基座与搁置在其上的轻盈的盒子。为强调上下形体的轻重对比，基座部分完整连续，采用深色花岗岩饰面，突出其重；上部的两个盒子则轻轻放在基座上，与其仅有一线之交，局部的大尺度出挑以及U形玻璃的外饰面进一步强化了上部形体的轻盈通透。中庭作为项目中三个独立办公区组织室内空间的基本手段，用来营造不同尺度和氛围的次级核心空间。它们同时成为联系底层庭院和分布于不同标高、围合方式各异的空中庭院的纽带，形成一个相互渗透交融、层次丰富空间体系。不同标高的庭院系统不仅提供了宜人的室外活动环境，也在室内外之间建立起直接的联系，为内部空间提供了自然的光线、新鲜的空气和良好的视景。

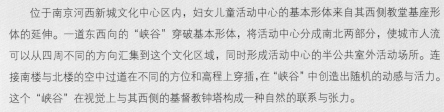

# 南京市妇女儿童活动中心

| 资料提供 | UAL城市建筑工作室 |
|---|---|
| 摄　　影 | 耿涛 |

| 地　　点 | 南京市河西新城 |
|---|---|
| 建筑设计 | 韩冬青、马晓东、王正、穆勇、高崧、王恩琪、吴海龙 |
| 结构设计 | 傅强 |
| 建筑面积 | 14 326m² |
| 规划用地 | 13 900m² |
| 占地面积 | 4 434m² |

　　位于南京河西新城文化中心区内，妇女儿童活动中心的基本形体来自其西侧教堂基座形体的延伸。一道东西向的"峡谷"穿破基本形体，将活动中心分成南北两部分，使城市人流可以从四周不同的方向汇集到这个文化区域，同时形成活动中心的半公共室外活动场所。连接南楼与北楼的空中过道在不同的方位和高程上穿插，在"峡谷"中创造出随机的动感与活力。这个"峡谷"在视觉上与其西侧的基督教钟塔构成一种自然的联系与张力。

　　活动中心的外墙以两种不同灰度的千思板（trespa）为主体饰面材料，由主体形体凹入的平台空间饰以不同色彩的穿孔铝板。"峡谷"两侧为透明的玻璃明框幕墙，使其内外之间形成连续的空间体验。幕墙的双曲面构形及其竖向明框上点缀的彩色铝构件的随机分布方式通过参数化设计的程序得到有效的控制。

# 笔架山景区一期服务设施

资料提供 | UAL城市建筑工作室

地　　点 | 江西井冈山风景区
设计单位 | 东南大学建筑设计研究院
建筑设计 | 韩冬青、马晓东、顾燕、高崧、王铠、钟华颖
建设单位 | 笔架山景区开发建设有限公司
建筑面积 | 13 580m²
设计时间 | 2006年1月~2007年2月
建造时间 | 2008年8月

　　位于中国江西省的国家级风景名胜区井冈山风景区的笔架山景区，建筑设计的构思基于对两个关键问题的思考：其一，如何使建筑与山地形貌和景观建立起最恰当的形态联系？其二，如何延续乡村的建造文化并使之满足新功能和技术的要求？

　　建筑的基地位于地形变化十分复杂的山坡上。在尽力维护原地形高差、树木、水体等环境要素的基础上，设计采用了小体量组合的方法，小尺度策略弱化了建筑自身的表现，从而使自然景观成为这里的主角。同时，小体量更能与自然要素建立起温和的形态联系。为了保护和延续日渐式微的民间建造文化，建筑师采用了乡间传统的木构技术。应对索道机械设备所产生的动力荷载及基地潮湿的气候，设计选择了钢筋混凝土框架结构作为建筑的基座，其上叠加民间木构。就地取材的竹、石、砖瓦被组合运用，强化了建筑作为地方景观的认知影响力。这些建筑的木构部分由地方工匠完成，他们的劳动为建筑注入了更多的文化感染力。

```
 |1
23|4
```

1　上索道房日出
2　下索道房亲水平台
3　下索道房顺山势小道
4　下索道房缓冲水池

# 香港九龙贝尔特酒店
# PENTA HOTEL, KOWLOON, HONG KONG

| 撰　　文 | 安妮 |
|---|---|
| 资料提供 | 贝尔特酒店 |

| 地　　点 | 香港九龙新蒲岗六合街19号 |
|---|---|
| 设　　计 | 如恩设计研究室 |
| 客　　房 | 695间 |
| 竣工时间 | 2013年8月 |

1　餐厅
2　入口

作为一家大型连锁酒店,新近开张的香港九龙贝尔特酒店却选择了时髦的接地气的方式,为客人带来不一样的体验。该酒店是由如恩团队主导设计,位于非典型的观光区域——九龙,周边有多个公共屋邨、市民社区,以及黄大仙庙和仿唐全木构造的寺院建筑群志莲净苑等。

但在贝尔特酒店这栋现代建筑里,却有着老香港的时髦与文化特征。酒店大门以怀旧电影院灯箱设计的招牌、地下大堂的一面墙上是有趣的富香港特色墙壁图案、杂货店、冰室、参茸行……"饮啖茶、吃个包,一盅两件慢慢尝"、"有碗话碗、有碟话碟"的字样,让香港的气息扑面而来,而另一边是一个主打外卖的pizza bar,舟车劳顿的客人也可以坐在中央的椭圆形大桌前吃个东西先。这个区域一看就是新旧东西的融合,恰如香港本身的城市文化。

二楼是贝尔特特色的酒廊设计,该设计糅合了酒店大堂、接待处、酒吧与咖啡厅功能于一体,酒廊内的餐厅潮食街更令别具自己的风格。整个区域带有浓烈的如恩设计的符号,如深红色砖块、橡木和充满香港特色的"涂鸦"墙壁的运用以及清爽利落的钢架,强烈的工业色彩,配合了非常具有玩味色彩的本地文化元素,令人仿佛置身于老香港的氛围中。潮食街提供了多款地道的美食,包括港式鸡蛋仔、车仔面和咖喱鱼蛋配猪皮萝卜等,另外有各种西式美食。

酒店的客房面积虽然不大,但房型也算是非常舒服。简约而舒适的客房设置无门衣柜,房内部份墙壁印有展现香港繁忙街道特色的相片,浴室则以深色瓷砖为主,配置头顶雨林花洒。为加强香港文化元素,酒店跟以产品新颖趣怪见称之本地著名设计品牌"住好啲"合作,制作独一无二之热感图案变色水杯放置于客房内供旅客使用;该品牌的产品充满香港特色,其部份配饰更于酒店"便利吧"自动售卖机发售。 **END**

```
| 1    | 5
| 2  3 | 6
|   4  |
```

1　酒廊
2　游戏室
3　餐厅
4　会议室
5-6　潮食街

| 1 | 4 |
|---|---|
| 2 3 | 5 6 |

1　酒吧
2　室外泳池
3　休息室
4-6　客房

# CitizenM 连锁酒店纽约时代广场
# CITIZENM NEWYORK TIME SQUARE

| 撰　　文 | 尹祯痛 |
|---|---|
| 摄　　影 | Adrian Gaut |
| 资料提供 | Concrete Architecture Associates |

| 地　　点 | 纽约时代广场 |
|---|---|
| 设计单位 | Concrete Architecture Associates |
| 项目团队 | Rob Wagemans, Erikjan Vermeulen, Maarten de Geus,Eva Stekelenburg,Cindy Wouters, Sander Vredeveld,Michael Woodford,Jurjen van Hulzen,Jesse Nolte |
| 立面艺术 | "come one come all " by Jen Lui |
| 室内艺术 | "people working" by Julian Opie |
| 建筑面积 | 7 740m² |
| 项目类型 | 连锁酒店 |
| 设计时间 | 2010年 |
| 竣工时间 | 2014年4月 |

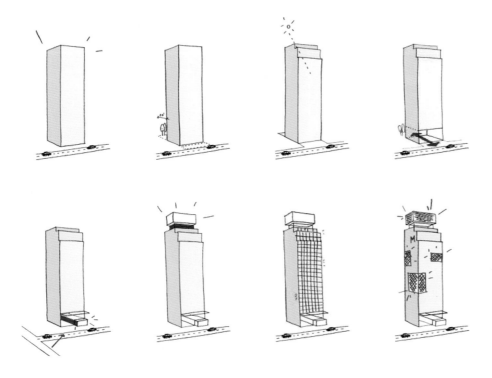

由荷兰设计事务所Concrete设计的CitizenM连锁酒店首次登陆美国,就直抵时尚世界的心脏——纽约时代广场。工业化的制造和独具匠心的室内设计共同定义了消费文化下空间艺术的复兴。

密集的标准层也许引不起巨大的注意,但仔细观察就可发现,剔除了所有冗余元素的客房隐含了少即是多的现代主义信条。毕竟,在一趟行色匆匆的商务旅程中,在一个光怪变幻的大都会中心,还有什么比一张舒适的床,一扇落地的窗和一套不会堵的下水系统更适合旅行者了呢?在concrete独特的车间中,标准化的客房像一个个混凝土集装箱一样被预先生产,带着一整面透明的玻璃。在现场,这些盒子被堆叠成一栋摩天楼的立面,每一扇窗户都像一只眼睛,随入住者不同向城市展现着变换的表情。

工业和简洁只是设计的开始,艺术和善解人意的小奢华带来空间的高潮。Concrete摒弃所有潜在的门禁和无形的消费,让底层客厅和屋顶酒吧成为真正开放的乐园。无论对于入住的客人还是周边的商务工作人员,它们都以热烈浓厚的艺术气息和活泼舒适的空间氛围发出欢迎的讯号。

底层通高的接待大厅,以明亮的橙红色为主调,黑色皮革和沉静的深棕色旧木包浆反射出暖洋洋的光泽,合成木白色灰色红色的漆面活泼地插入其中。以大色块家具为中心,小家具围合成一簇一簇岛状的半私密的休息区。这个流动空间之中,视觉被吧台和艺术摆设所充斥,丰富细腻的材料对比和超高的信息密度使得目所及处,无不成为一副色彩饱和的油画,而其中最令人瞩目的仍然是艺术家Julian Opie的创作。屋顶酒吧的主调,则跳脱于翠绿和草绿,舒适的天鹅绒与毛皮质感,反射在樱桃木顶棚光滑而优雅的纹理上。座位平静地沿窗条带状发展,在露台上慵懒俯瞰着喧嚣的城市。

如果说现代主义的极简带来的新的美感是纯粹,CitizenM则带给我们另一种可能性,丰富。装饰的罪恶也许没有被宣扬的那样重,毕竟,在这个多元爆炸的消费时代,任何一种主义和思潮都无法包涵全部,那么对于一种空间最重要的也许是,enjoy yourself. END

1　酒店塔楼外观
2　酒店外观生成过程
3　酒店入口
4　大堂休息区布置

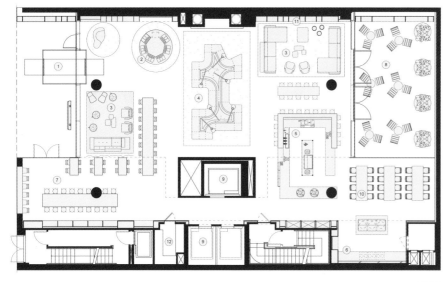

一层平面

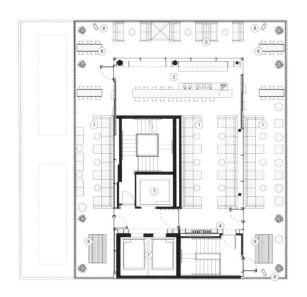

顶层平面

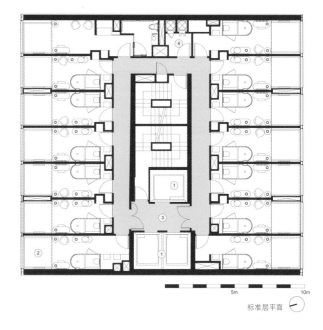

标准层平面

5m     10m

| 1 | | 4 |
|---|---|---|
| 2 | 3 | 5 |

1   平面图
2   顶层酒吧露台
3   底层休息区
4   顶层酒吧内景
5   标准间一览

# 秋叶区文化中心
# AKIHA WARD CULTRUAL CENTRE

| 撰　文 | 尹袚痛 |
|---|---|
| 摄　影 | Taisuke Ogawa |
| 资料提供 | 日本新居千秋事务所 |

| 地　点 | 日本新潟市 |
|---|---|
| 建筑面积 | 3 000m² |
| 项目类型 | 剧场/文化中心 |
| 设计团队 | 日本新居千秋事务所 |
| 设计时间 | 2012年12月~2013年2月 |
| 竣工时间 | 2013年3月~2013年5月 |

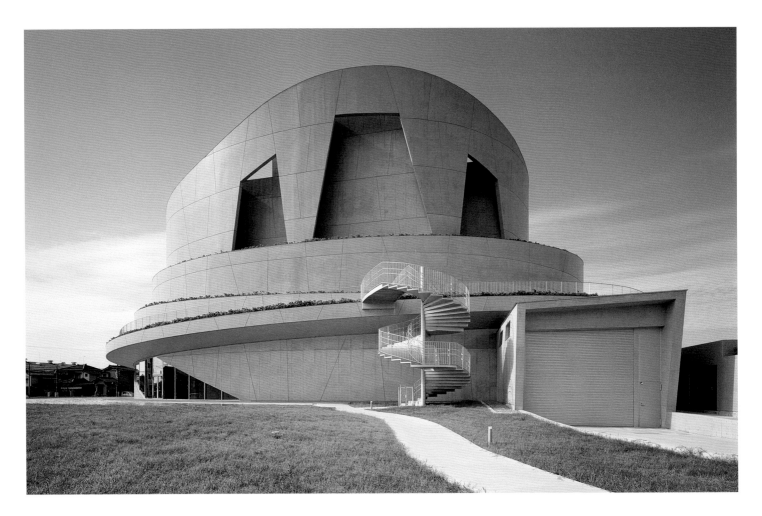

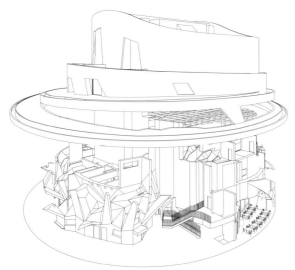

| 1 |   |   |
|---|---|---|
| 2 |   | 3 |

1  室外楼梯

2  轴测图

3  平面图

项目由日本新居千秋事务所设计，位于因铁路工业而闻名的新潟市。

秋叶区文化中心是一座建筑面积达 3 000m² 的 496 座的公众剧场。这座建筑是为当地对它期待已久的民众所设计，寄望它能够成为一个文化的孵化器。

因由场地的前身为占地 17 000m² 的棒球场，建筑的结构、景观和停车都依着原先弧形的棒球场地组织，作为对场所记忆的唤起。场地的周围地块则是居住街区，为面积巨大的平坦地形，偶有几簇小型山丘。沿袭其中某些山丘的特征，设计者在此座建筑圆形的形式上呈现梯田状的景观，使用者可以登临其上，并纵览周围全景。

随着当地民众参与到工作室，项目策划逐步发展。应他们的要求，一些房间和功能被添加进去。在竞赛过程中，不计其数的修改改变了建筑的轮廓，由开始一个精确的圆形，变为最后由 46 段不同的弧组成的扭曲的环。项目策划泡泡图按照外围走道、入口大厅、功能房间、后台走道、主剧场的顺序划分功能类别。按照这个简单的泡泡图，一些功能房间比如排练室和更衣室可以同时服务于入口大厅和后台走道，这改进了其使用性能。为了弥合圆形建筑轮廓和工作室项目策划的差异，承担结构的混凝土墙体被折弯和扭曲以达到支持楼盖面板的平衡支撑点。

主剧场大厅如同山体之下的一个混凝土岩洞。结构构件本身作为声学的反射体，它巨大的质量所带来的力量提供了非凡的声学效果。沉重的实体墙和顶棚可以反射更低的声波频段，传统的墙体材料则会吸收掉这些声波。这会提供给我们特殊的体验，它会让你感到犹如置身于一个自然洞穴中的音乐会，而非人为的建筑之中。

为了最优化声学效果，剧场大厅的混凝土构件被穿凿得像一张网，并在孔洞中安装了多孔铝片作为声波的吸收体。大厅混凝土构件的室内装修为全部涂覆，以保障声音散射。配合灯光效果，这些实体混凝土看起来有时候硕大无朋，有时候轻巧无重，并暗含着人手一般温暖的触感。 END

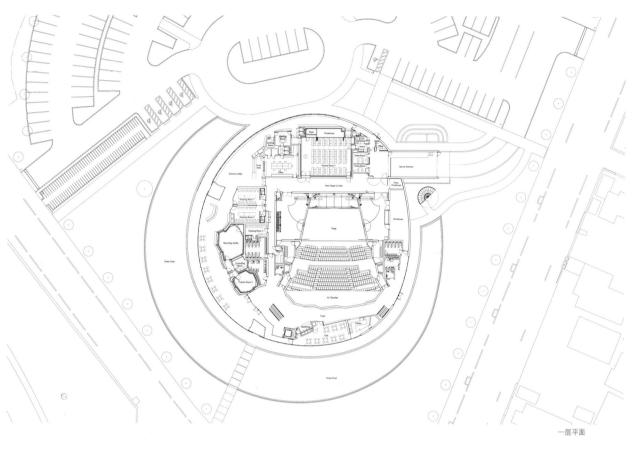

一层平面

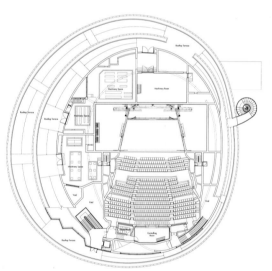

二层平面

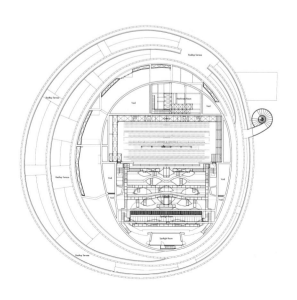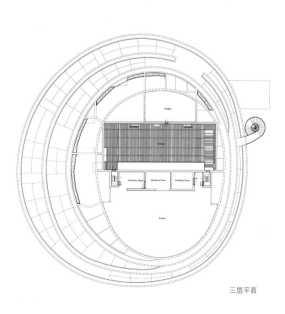

三层平面

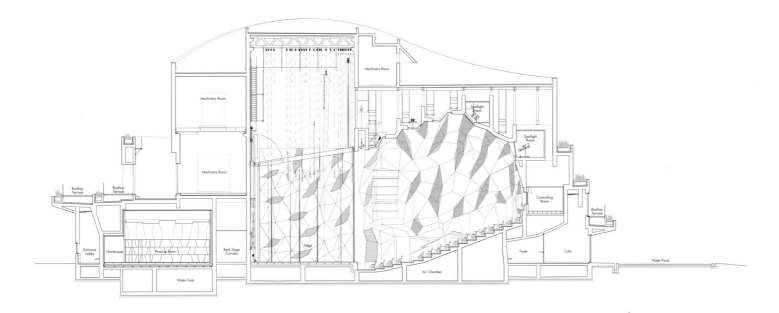

| 1 | 4 | 5 |
|---|---|---|
| 2 | 3 | 6 |

1 剧场剖面图
2 休息区
3 练习室
4 剧场观众席
5 混凝土吸声板
6 剧场舞台

# 山麓花园住宅
# RESIDENCE DES GRANDS JARDINS

| 撰　　文 | 尹祓痛 |
| 摄　　影 | Alexandre Guilbeault |
| 资料提供 | Bourgeois Lechasseur architects |

| 地　　点 | 加拿大沙勒沃伊市 |
| 面　　积 | 约300m² |
| 结构设计 | Axys Consultants |
| 承 包 商 | Constructions des Grands Jardins |
| 项目类型 | 住宅 |
| 建造材料 | 混凝土、角钢、白木板、红色松木板 |
| 竣工时间 | 2013年 |

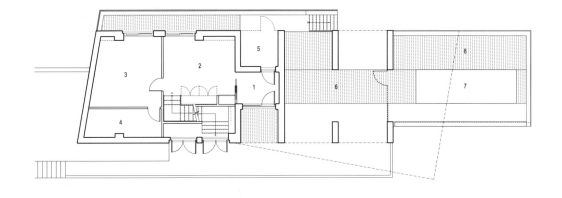

一层平面
1 门厅
2 办公室
3 健身房
4 储藏室
5 入口
6 步道
7 车库入口
8 平台

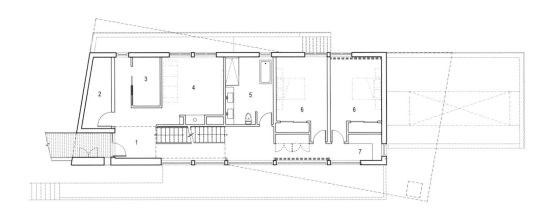

二层平面
1 二层入口
2 储藏室
3 试衣间
4 多功能厅
5 盥洗室
6 儿童卧室
7 画廊走道

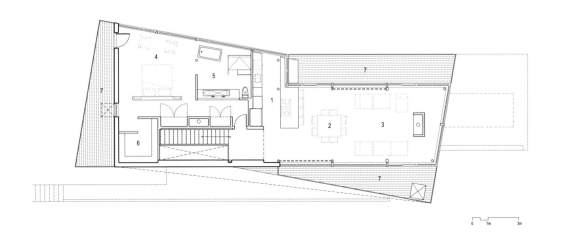

三层平面
1 厨房
2 餐厅
3 起居室
4 主卧
5 主卧盥洗室
6 更衣室
7 露台

0  1m    3m

项目位于加拿大的沙勒沃伊市，坐落在落基山山麓，俯瞰圣劳伦斯河，冬季白雪皑皑。附近是一个高原滑雪场，推窗望去就是流溢于半山的云海。

置身于如此壮丽的景观之中，设计师面临的主要挑战是在最大化景观的同时不要忘记保留住户的隐私。为此，设计师在主轴线平行于道路的策略上，使其对着南侧俯瞰的河流微微做了一个倾角。内部的空间感更像一个上方通透下方封闭的船舱。由于基地陡坡上高差的存在，街道一侧的行人仅能看到顶层；而在面向

河流的那一侧，则可以看到角钢和玻璃组合构成的优雅的三层立面。

这座永久性建筑的形体和材质都为强烈的对比感做足了功夫。底层是牢固的混凝土质感，并且以巨大的混凝土桩基固定于岩石上，仅以轻巧的木质步道与停车场连接。底层的实使得通透的顶层更为轻飘，白色木板、玻璃和暴露的钢结构框架赋予顶层体块仿佛要飞升而去的视感，悬挑的客厅更是这体块中的空间高潮。

内部空间与外部的对比，在符合老练的客户要求的基础上更是充满戏剧化。外立面

苍白的木板和白色的混凝土涂装仿佛要与被雪覆盖的山麓融为一体，而应用于室内的红松木板将空间的质感由纯粹推向了舒适温暖。冬天漫长的魁北克人酷爱暖洋洋的的红色，暗红色的楼梯将人从底层的办公室、健身房、二层的多层衣柜、儿童卧室、多功能房，一路引导至顶层三面开窗的起居室和主卧。混凝土的地坪和暴露的钢结构勾勒出冷峻的工业感，红松木板顶棚、活泼的红色布艺沙发和起居室中心火炉中跳动的火焰则将其软化柔和为一片温馨的居家气息。 END

| 2 |
|---|
| 3 |

1　各层平面图
2　出挑三层
3　从较高一侧山坡看起居室

垂直坡脊剖面图　　0　　1m　　　　3m

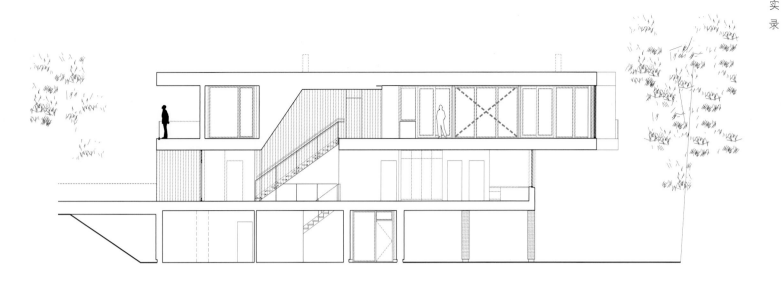

面向坡脊剖面图　0　1m　3m

| 1 | 3 | 4 |
|---|---|---|
| 2 | 5 | |

1　一层楼梯间
2　二层楼梯间
3　主卧盥洗室
4　浴缸
5　从主卧眺望云海

# SDM 公寓
## SDM APARTMENT

| 撰　文 | 叶白虎 |
| 摄　影 | Bharath Ramamrutham |
| 资料提供 | Arquitectura en Movimiento Workshop |

| 地　点 | 印度孟买市 |
| 设计单位 | Arquitectura en Movimiento Workshop |
| 建筑面积 | 528m² |
| 项目类型 | 住宅公寓 |
| 建造材料 | 胡桃木、大理石、马赛克、亚麻布、毛毯 |

项目位于孟买的市中心，业主为一个大家庭中的三对夫妇：年长的父母和两对已经成家育儿的年轻夫妇，也即他们的子女。设计概念不同于印度传统的大家族聚集理念，设计师与每个家庭成员都进行了交谈，让他们描绘他们的生活习惯和空间喜好，并根据这些将同质的空间进行了不同的分割。每个私人的空间都是相对独立而内向的，内装各有特色。整个公寓面对城市文脉也采取了内向的态度——百叶窗覆盖了每一扇窗户，以此抵抗城市的文脉。

公寓纵跨上下两层，楼梯位于公寓的中心和公共部分，在这个集中了自然光照和自然通风的区域，设计师将其设计为一个雕塑构成空间的视觉中心。微妙和流畅的曲线塑造出的形态，任意一个公共空间都对其有视线上的集中。流转折叠的条带，这个形态元素除了成为空间的主角，还在其他各个房间的细节上有所呼应，比如起居室的顶棚和无所不在的百叶窗。

在缟状大理石铺地和墙面的白色背景下，每个卧室又有各自气氛的些微区别。设计师从米兰的家装市场上精心淘来的家具和艺术作品中，可以看到范围极广的多样性设计，艺术作品、地毯、挂毯，马赛克、胡桃木，营造出不同房间主人的不同个性。

在整个现代主义的居家环境中，只有祈祷室的气质孑然独立。在这里，所有的元素——黄铜的灯具、昏黄的灯光、繁复的雕刻、镏金的挂画都是为了营造一个沉思和精神交流的空间。END

1 | 2
  | 3 | 4

1　雕塑楼梯

2　楼梯与客厅相连

3-4　楼梯模型

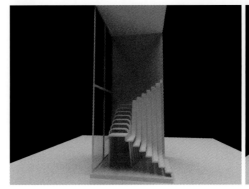
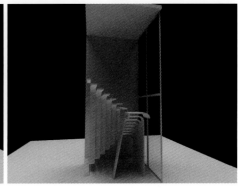

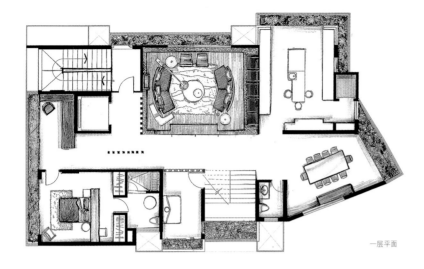

一层平面

二层平面

| 1 | | 3 | |
|---|---|---|---|
| 2 | | 4 | 5 |

1　平面图
2　客厅
3　书橱后的空间
4　会客室
5　祈祷室

1 | 2
  | 3

1　餐厅
2　独立卧室
3　厨房

# Superheros 数码公司工作室
## SUPERHEROS OFFICE

| | |
|---|---|
| 撰　文 | 叶白虎 |
| 摄　影 | Alan Jensen |
| 资料提供 | Simon Bush-King Architecture&Urbanism |

| | |
|---|---|
| 地　点 | 荷兰阿姆斯特丹 |
| 建筑面积 | 480m² |
| 设计单位 | Simon Bush-King Architecture& Urbanism |
| 项目团队 | Simon Bush-King, Joti Weijers-Coghlan,Angel Sanchez Navarro, Pilar Nobio,Pcca Pomares Pamplona,CNC,Jasper Kuijl,Sarah Rowlands |
| 室内艺术 | TelmoMiel from Shop Around |
| 业　主 | Superheros |
| 项目类型 | 办公室 |
| 设计时间 | 2014年1月 |

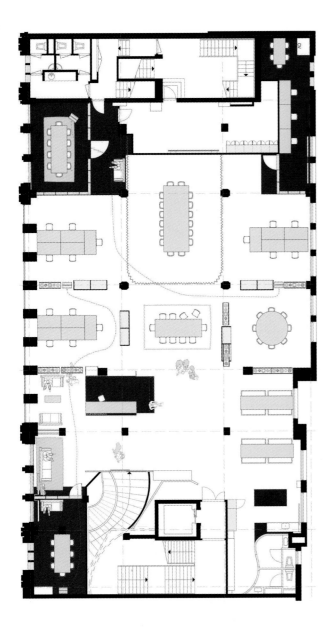

"遍布阳光而拥有奇幻空间的工作室"应该是每个上班族的梦想。Simon Bush-King Architecture&Urbanism 事务所颠覆传统办公平面的排兵布阵,在平凡的空间内打造空间奇观。

"角落空间里做文章",事务所在巨大开放空间的角落设置了三个必需的会议厅。之间设置的灵活空间可以用于各项事务,员工可以在此聊天、讨论工作,甚至拨打私人电话也有舒适的自由。

中庭是空间的绝对核心。巨大的平天窗下,以阳光为边线,界定出以长桌为焦点的中心区。背景巨幅的油画,彰示现代艺术在现代空间中的巨大表现力。周围悬挂的帷幕可以区分空间,也可以拉开围合成独立的会议室。深谙"可变空间"的奥义,工作室内空间的划分将由 50 盆悬挂的盆栽植物和可移动白板、储物柜来承担。生机盎然的小物件分隔让光线通透视线无阻,在开放空间中以柔和的力量组织了流线。

事务所在实现空间奇观的同时,还要面对预算的精简。由于是 3 年的短租,业主将精装预算缩减至一般底价的四分之一。运用定向刨花板和数控机床设备,事务所实现了打造高表现力空间,并降低造价。对 100 块刨花板进行切割,然后用传统松木楔子的方法将会议室的定制框架和大部分家具组装在一起。框架内安有双层玻璃,玻璃也由木楔子加以固定。整个项目只用到了很少的螺钉,日后搬家时拆卸就变得容易许多了。 END

| 1 | 3 |
|---|---|
| 2 | 4 5 |

1 高低灵活的悬挂盆栽
2 讨论区
3 会议室内景
4 从外部看会议室
5 私人一角

外观

# 重庆云会所
# YUN CLUB

| 撰　　文 | 姚垣 |
| --- | --- |
| 资料提供 | 北京集美组建筑设计有限公司 |

| 地　　点 | 重庆市渝北区龙兴古镇 |
| --- | --- |
| 面　　积 | 1 500m² |
| 设计公司 | 北京集美组建筑设计有限公司 |
| 主创设计 | 梁建国、蔡文齐、吴逸群、宋军晔、王二永、罗振华、聂春凯 |
| 主要材料 | 丝布、金砖、榆木、紫铜、自然石 |
| 设计时间 | 2011年12月 |
| 竣工时间 | 2012年9月 |

　　如何将传统文化与现代空间设计结合，这个疑问自中国室内设计领域萌芽起就是颇受关注的话题。随着设计师们对于材料掌控能力的提高，集美组为重庆云会所设计的项目中，以往只作为摆设、装置的材料，比如丝布、金砖、榆木等材质，也成为寄寓传承文化的建构材质。

　　"云来山更佳，云去山如画。山因云晦明，云与山共高。"云会所的前身，是一栋拥有百年传统的府邸，重塑新生是对传统文化的保护与尊重，也是此次案例的介质与载体。

　　设计师不希望项目是对传统的堆砌，更不希望是形式表象的炫耀。"一木一石若盏茶，袅袅檀香琴悠扬，一襟闲云看野鹤，佛面颔首笑尘世"，如何将这种来自悠远文化传统的士大夫情怀，在当下的设计中还原，是设计师在此寄寓的希望。巴蜀之地仙山奇云，聚则万象，是为云会。 ■END

云会所室内

灯光效果

| 1 | | 4 |
| 2 | 3 | |

1　入口
2-3　叠景
4　中堂全景

| 1 | 2 |
|   | 3 4 |

**1.2.4** 会所空间
   **3**   细部

1　装饰细节
2-4　会所空间

# 上海熹杰广告公司办公室
## SHANGHAI XIJIE OFFICE

| | |
|---|---|
| 摄　　　影 | 姚垣 |
| 资料提供 | 上海亿端室内设计有限公司 |
| | |
| 地　　　点 | 上海市徐汇区零陵路635号爱博大厦10楼C室 |
| 面　　　积 | 200m² |
| 设计单位 | 上海亿端室内设计有限公司 |
| 设 计 师 | 徐旭俊 |
| 竣工时间 | 2013年5月 |

创意人的办公室反而不需要太多"创意设计"的堆砌，这是设计师接到这个项目后的第一个想法。尤其是在这个以住宅结构改造的办公空间中，平衡公司办公环境以及创意所需的温馨气氛，着实费了不少功夫。

整个空间以黑白灰为基调，配以木色使空间具有层次感，尽量呈现出清新优雅的办公氛围，使整个空间看起来简洁又时尚。在这里，设计师挑选软装的时候，没有选择集装模板式的家具，家具、灯具到摆在桌子上的各类办公小物无不折射设计的原创性。办公桌的

设计独具一格，与空间形成相互对话的氛围。同时，大胆运用原木、竹子等自然元素的材料，给空间增加了生机和活力，打破传统办公室的冷漠和严肃感，拉近员工与办公室的距离。在自然、田园的办公氛围中，不断激发员工工作热情。

设计师通过不同材料的合理运用，使整个空间在视觉上产生了模糊分割，这种空间的不确定性使员工与客户，员工与员工，共融于轻松、安逸的氛围之中，从而促进彼此间的交流。▣

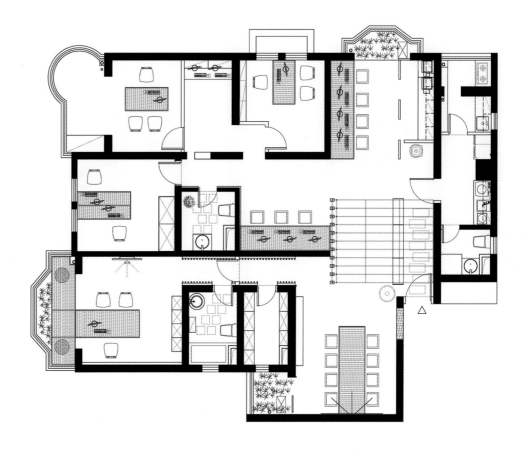

I 2
3

I 入口
2 休闲空间
3 平面图

| 1 | 3 |
| 2 | 4 |

1　走廊
2-4　办公空间

# 上海徐家汇天平路住宅改造
# TIANPING ROAD RESIDENCE RETROFITTING

| | |
|---|---|
| 撰 文 | 曹禹 |
| 摄 影 | Jason Gu |
| 资料提供 | PACER Architects |

| | |
|---|---|
| 地 点 | 上海市，徐家汇 |
| 建筑面积 | 298m² |
| 占地面积 | 195m² |
| 设 计 | 曹禹 |
| 照明设计 | 杨文祥 |
| 竣工时间 | 2014年3月 |

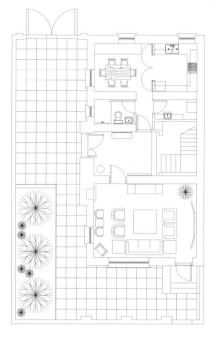

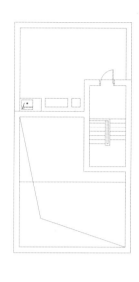

一层平面　　　　　　　　　二层平面　　　　　　　三层平面　　　　　　　四层平面

上海西区幽静的街道两边，上世纪初兴建的花园住宅星罗棋布。由于时代变迁，许多已经灰飞烟灭，留存的也是早已物似人非。关于它们的名人轶事依旧如影随形，但如今只有在上海城市建设档案馆的历史档案之中，在斑驳的树影之间，可以想象它们当年的神采。

天平路住宅是一栋位于历史风貌区范围内的花园住宅，建于1930年，是当时常见的砖木结构。历经多年的风吹日晒和气蚀雨淋，加上产权所有人和使用者的多次变化，不仅外观面目全非，而且内部的改建搭建，也是杂乱无章。通过混凝土、砖砌体、建筑木材的分项检测，发现存在多处安全隐患。

整个项目的土建修缮改造，从承重墙修补和楼梯改造入手，中部的楼梯、楼梯间、卫生间逐层拆除时，现场同步加固中部的两道承重砖墙，同时逐层浇筑钢筋混凝土立柱。从一层直至屋架下弦，通过抽砖加柱的办法，由下而上，形成完整的承重结构；对于局部受损的墙体，采取添梁加砖的措施。应用聚合物水泥砂浆，在保证充分养护时间和湿度的养护条件下，分层分段进行粉刷，严格控制初凝时间，耐心细致、循序渐进。这样不仅对原结构损伤最小，而且有利于恢复原有的室内格局。但是，缺点

也是显而易见，施工周期长，对于施工管理和工艺的要求非常高，施工人员必须具备很好的耐力和娴熟的手工技艺。

原有的屋面系统，在历次的维修过程中，已经在屋面瓦下面浮筑了一层钢筋混凝土，使年久失修的屋面雪上加霜，不堪重负，更导致整个木屋架严重变形，漏水不断。对于屋架的修缮，从减轻负载入手，拆除混凝土浮筑层和不同时期的吊顶，并将损毁的上下弦木梁全部撤换。为了避免因新木料而变形，有一段时期从早到晚徘徊于上海各个角落的拆房现场，把这么多这么长的木梁一根一根地找回来，再加工处理成完整的屋架和檩条。屋面板和防水卷材，也是严格按传统工艺，选材和施工。

此外，白蚁的防治工作，也是砖木结构建筑在修缮中不可缺少的重要环节。每个部位需要仔细清理，每个木质的建筑构件和部品，无论新旧都必须仔细检查，经过无害化的防蚁处理以后才能上墙施工，否则后患无穷。

上海，区别于其它城市最重要的特征是，产业化集群的兴盛和发展，产业各阶层的成长和生活状态，才是海派的真正实质。海派可以包括社会生活、社会生产各方面；它表现为简单与奢华共存，程式化与标新立异共存。1930年代正是上海进入兴盛期的重要阶段，建筑设计和施工已经非常成熟，海派建筑兼收并蓄、美观实用的设计思想表露无疑。基于这样的认识，室内设计阶段并没有完全拘泥于过去，而是从目前的实际生活需要出发，结合结构加固和楼梯改造，对于原有的空间格局作了最少的调整。在材质、纹样、线脚、色彩等方面，不是考古测绘式的照搬旧物，而是适当放开手脚，充分利用现有的制作条件和施工工艺，顺势而

为。比如一楼原先采用的木质护墙板，纹样工艺都可以修复，但最后权衡使用维护、室内照度等问题以后，全部改为浅色的大理石的墙裙和踢脚。地坪则铺设同样材料的大理石，室内墙面刷淡色乳胶漆，使首层空间一反原先昏暗无光、食古不化的面貌，怀旧而又时尚。而在家具的选择布置方面，主要根据委托人现有的家传和收藏，适当增补成套。根据不同房间的实际功能和每位家庭成员的具体要求，重新组合，统筹安排，同样也有意想不到的效果。

公寓式住宅的室内高度，通常都是统一的，而老式花园住宅每层的层高都是不同的，南面房间和北面房间通常还要错开半层。天平路的这栋住宅，从2.4m到3.6m至少有六种不同的

| 1 | 2 |

1　西侧庭院
2　一层门厅

层高。面对不同层高和面积的房间，如何统筹室内设计整体性，灯光设计、灯具的选择，起到了画龙点睛的作用。

在灯具的设计和选择中，建筑师选择与优秀的灯具设计专家和富于经验的制作团队合作。整幢楼的灯光设计以起、承、转、合为序列，很好地同步了室内设计的节奏。

一层门厅的面积为 9.5m²，采用 3+6 共 9 头的枝型铜吊灯，直径 950mm，高 750mm，有效地控制了门厅的面积和高度，也奠定了整栋住宅的尺度。

一层客厅，主吊灯开始设想的是两层的吊灯，6+12 共 18 头。图纸完成以后即发觉尺度偏小，通过视线分析，改为三层 4+4+12 共 20 头。放样以后，又调整到 6+6+12 共 24 头。到最后的制作阶段，枝形吊灯的每个细节又全部推敲了一遍，完成品的直径达 1.45m，高度 1.35m。如此的庞然大物，在面积为 28m² 的客厅中，却显得从容不迫，毫不夸张。灯泡选用 12W 的节能拉尾泡，不仅照度充分、形体饱满，而且富

于手工艺感，衬托出精湛的制作工艺和严密的逻辑思维，更具仪态万方。

一层餐厅，由于层高较低，采用长圆型的餐吊灯，相连的厨房则嵌入式防雾筒灯，上橱柜下口采用感应式 LED 工作灯。

二层南卧室，与一楼的客厅面积相同，层高稍低，采用两只直径 600mm 圆形热弯玻璃的古铜吊灯，既能控制大面积，有具有小尺度，亲切而不失分寸。三层南卧室层高比二层稍低，采用直径 1 000mm 的圆形车边玻璃镶嵌的吸顶古铜灯，卫生室采用花朵型磨砂玻璃铜包边的铜座壁灯。北卧室限于层高和面积，选择直径 720mm 和 450mm 的吸顶灯，特制的铜质配件配合工艺玻璃，相得益彰。

庭院灯采用 390mm×700mm 的铜质户外壁灯，柔和的色温褪去金属的光泽，静静地折射出都市的安逸。

楼梯通向天台的防盗门上，特别定制了通风栅窗，可以调节楼梯的上升气流，使整栋楼可以常年保持有效的通风量和适当的干湿度，

具有很好的居住舒适性。

庭院大门的把手，结合信箱的挡雨板采用 5mm 厚的不锈钢板折边后，并用线切割镂空刻出门牌号。小阳台上的落水篦子，庭院大门的插钎底座，也是采用同样的材料和工艺加工，虽然都是不起眼的小配件，但是设计、选料、加工、安装，每个环节都颇费周折。实际使用后，才发现当时的功夫没有白费，简单耐用、毫不造作真是具有穿越时间的力量。

住宅的设计，首先是生活方式的设计，也是委托人和建筑师价值观的物化表现。双方的认同和理解，实在是完成项目的关键。难能可贵的是委托人的充分信任，以长达三年半的建设时间，容一个建筑师坚持自己的职业准则，敝帚自珍，否则设计只能停留在纸面。登山则情满于山，观海则形溢于海。我们社会的每一栋建筑，每一条街道，每一个城市、乡村，都会有动人的故事；善良的人们只要心存感恩，做好每一件事，即便身处泛滥的喧嚣之中，平静美好的年代也不会消失。心安即是家。

# 不断线 ——EMG 深圳
# CONTINUOUS LINE-EMG SHENZHEN GALLERY

| | |
|---|---|
| 撰　文 | 何健翔、蒋滢 |
| 摄　影 | LikyFoto 林力勤 |
| 资料提供 | 源计划建筑事务所 |

| | |
|---|---|
| 地　　点 | 深圳市 |
| 设计单位 | 源计划建筑事务所 |
| 主持设计 | 何健翔、蒋滢 |
| 建筑面积 | 850m² |
| 项目类型 | 展览馆 |
| 设计时间 | 2012年4月~2012年9月 |

天井中看全景

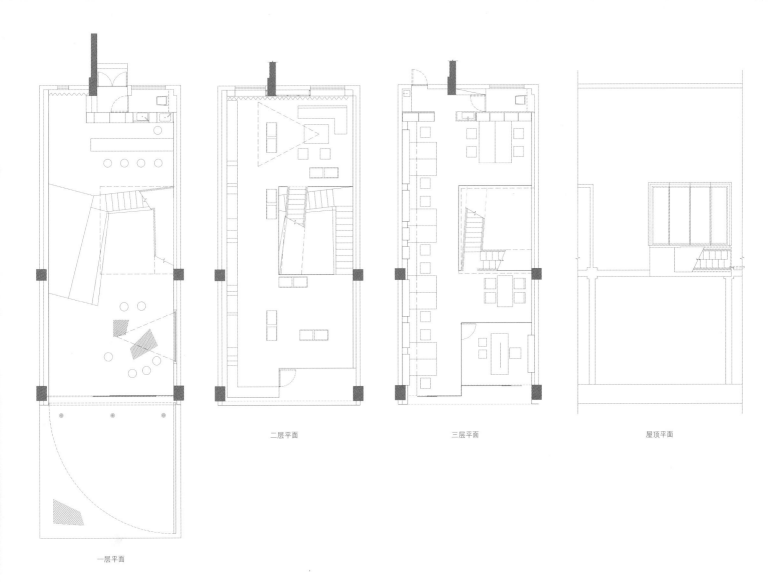

一层平面　　　　　　　　　　二层平面　　　　　　　三层平面　　　　　　屋顶平面

EMG. 深圳是 EMG 大石馆系列续广州，北京，上海，威尼斯之后的第五站，仍由源计划（O-office Architects）负责设计。相对之前的大石馆，EMG 深圳所承载的使命相对清晰和简单，即展示 EMG 自然石材文化兼具简单的办公功能。即便如此，基于对文化交流的需要，在使用开间和面积都非常有限的情况下，它仍然需要一个可以灵活设置的开放的空间作为一系列可能的活动场所。

EMG 深圳藏身于一处南中国典型的高层裙房的一个开间内，是一个速生的粗胚空间。内中只有一个狭窄而高的天井，从这个典型的建筑元素开始，源计划构想了一组曲折始的构筑物生长穿插于建筑之中。折线螺旋型态来源于对新生事物成长状态的想象，将新旧事物以线的方式和谐的联系起来。

内置的螺旋发光体既是三层空间的内部交通，也是室内展示的基本照明装置。

放光体表面是由透光石材薄片与玻璃复合而成的特制单元挂板，内置 LED 灯管层。螺旋装置分为上下两部分，下面部分的发光体横向连接前厅与下沉休闲区，纵向体连接一层的活动空间和二层的展示交流空间。上面部分的发光体连接三层的办公服务空间和二层的展示交流空间。

人的活动流动于螺旋体之中，建构了整个空间建筑的内核，而引发各中空间机能活动的可能性。 **END**

休息区

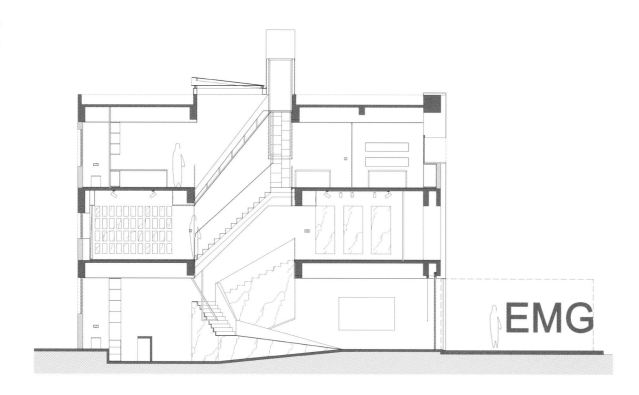

# 知·美术馆
# ZHI ART MUSEUM

| 撰　　文 | Ming |
| 资料提供 | 隈研吾设计事务所 |

| 地　　点 | 中国四川省成都市 |
| 建筑面积 | 787m² |
| 场地面积 | 2 580m² |
| 设计单位 | 隈研吾设计事务所 |
| 工程设计 | P.T.Morimura & Associates,LTD |
| 结构设计 | Oak Structural Design Office |
| 建筑材料 | 钢筋混凝土、钢结构 |
| 设计时间 | 2008年10月~2009年10月 |
| 建造时间 | 2010年1月~2011年12月 |

知·美术馆坐落在成都市郊新津县的老君山下，有着幽然恬静的山水风光，老君山上一处道观则赋予了项目所在地块"很深的道教文化底蕴"，是"传统而庄严的地方"。回到大地，将建筑与大地连接是隈研吾认为的建筑的原点。

他最初到访新津时，就意识到了位于老君山的新津作为道教圣地的重要地位。道教从古时即传入日本，在文化上对日本产生了深刻的影响。设计知·美术馆时，隈研吾为了表现对老君山的尊重，特别做了配合老君山的轴线，凸显老君山的规划。在挑选建筑材料时，使用当地很久以前就保有的土烧瓦片这种材料；以及新津这个地点，同样都表现出道教文化连绵不断恒久不变的传承。他觉得，"像这种尊敬当地文化的设计理念，在未来的设计中会变得越来越重要。"

隈研吾坦承，在知·美术馆这个项目里，主要想体现天、地、水三者相互之间的关系，"其中水的元素，是我思考这个项目最初的原点，在这里，用水来衔接天和地，整个建筑宛若在水的中央，让建筑与自然有机地结合一起，达到天、地、水相融的境界。"他这次设计将入口处的水面及外立面的挂瓦作为知·美术馆的外观形象，把水的意境和中国传统的建筑元素"瓦"相和应，使得建筑的外在形态有着非常流畅的动感，但最终呈现的是一种动静相宜的状态。

这个想法也同样被负责美术馆的视觉设计系统的原研哉事务所贯彻在美术馆的动态 logo 设计中。从石头美术馆、莲屋，再到北京长城脚下的公社建筑群中的竹屋，到成都老君山山麓下知·美术馆，隈研吾从日本西渡到中国完成了石头、木、竹、瓦等不同材料的探索。

知·美术馆作为隈研吾认为最能代表他近年来风格作品，"能成为一个最能代表成都文化和地域特征的美术馆，成为一个无愧于这个地方的作品"。他曾指出，美术馆无论是公营的还是私营的，除了要收藏和展示静态的作品，更重要的是进行一些与在地居民互动的活动，成为一个艺术交流的场所，"有了人的活动，更能焕发其生命力"。

当下，博物馆兴建热潮带来的运营难题从专业建筑媒体到艺术类、大众媒体都争相关注，在美术馆开幕活动现场同样令在场人士热议不休。知·美术馆与常见的只收藏美术品的箱型展示厅有很大不同，知·美术馆是"透明的、兼具垂直性与螺旋的展示厅"。展品犹如与空间和周围环境相呼应般被置放，更加容易凸显展品的性格。END

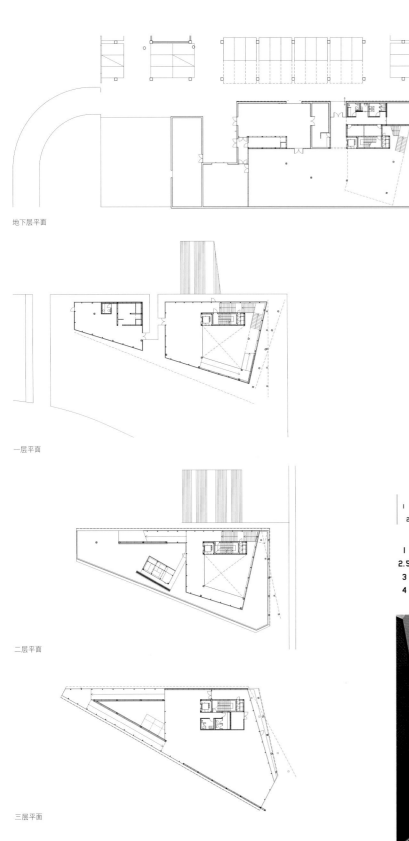

地下层平面

一层平面

二层平面

三层平面

屋顶层平面

| 1 | 3 |
|---|---|
| 2 | 4 5 |

1　平面图
2.5　墙面表皮
3　轴测图
4　全景

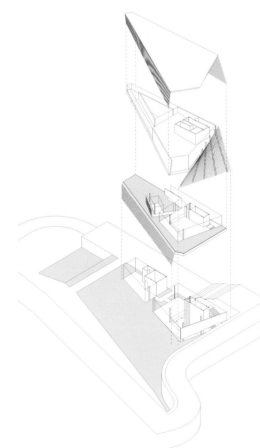

320 × 180 × 10,
wire SUS Φ=3
wire SUS Φ=1
wire SUS Φ=1
wire clip

wire SUS Φ=1

facade screen

tile 450×180×10
SUS wire Φ=3
wire clip
SUS wire Φ=1

tile 3type:
450 × 180 × 10, 390 × 180 × 10,
320 × 180 × 10,
wire SUS Φ=3
wire SUS Φ=1
wire clip

1 ┃ 3
2 ┃ 4

1  墙面结构图
2-4  室内外实景

# 为犬设计

撰　文　|　Ming
资料提供　|　知·美术馆

位于成都新津的知·美术馆在国内的第一次曝光，可溯至 2011 年底在深圳·香港城市\建筑双城双年展上的亮相。当时美术馆的投资方花样年集团作为双年展的主赞助商，出乎意料地将这一个艺术项目（而非位于深圳的商业项目）作为企业形象代表展示出来。当时面积约 30m² 的展厅错落有致地悬挂了一片片瓦片，展厅立面以手绘图形式介绍了美术馆的设计理念，在隔壁一片喧哗的企业形象大片背景声中气定神闲。在美术馆建成两年后的今天，投资方终于将美术馆的建筑设计师隈研吾及视觉系统设计指导原研哉请来，奉上后者策展的"设计：为了爱犬（Architecture for Dogs）"展这道大餐，热闹地开幕了。

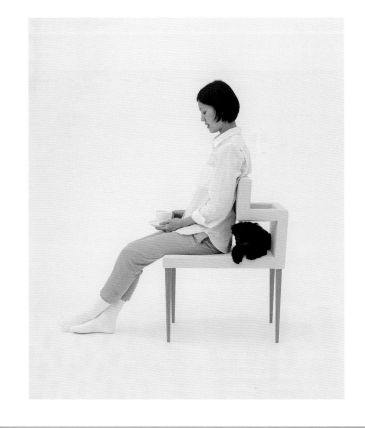

开幕活动当日，由著名建筑评论人方振宁主持的论坛探讨了这个建筑及大家都关心的美术馆运营的问题。"建筑师很重要，在偏僻的地方选了一个好的建筑重要，好的开幕式重要，好的展览也很重要。"当前中国各大城市有建设博物馆、私人博物馆热，开幕展示的是藏家的藏品，而知·美术馆的开幕展"设计：为了爱犬（Architecture for Dogs）"的确让人眼前一亮。

展览由原研哉自 2011 年发起策划，邀请了犬吠工作室（Atelier Bow-Wow）、原设计协会、内藤广、康士坦丁·葛切齐（Konstantin Grcic）、MVRDV、RUR 建筑设计公司、Torafu、坂茂、妹岛和世、藤本壮介、隈研吾、伊东丰雄及原研哉等共 13 位（组）明星建筑师、产品设计师、交互设计师，他们为不同品种的狗狗设计居所。

为爱犬设计建筑的想法在原研哉脑子里"萦绕十余年"，后来得到一家美

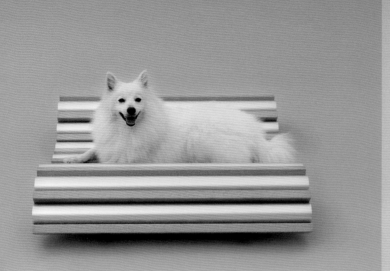

国投资公司的支持,得以成形。这一项目参加了 2012 年 12 月在迈阿密举行的艺术巴塞尔周,第二年移师洛杉矶的长滩美术馆。如今展览作为知·美术馆的开馆展,来到中国成都,这也是它继美国迈阿密、洛杉矶、东京(TOTO Gallery-MA 间画廊 2013.10.25-12.21)之后的全球第四站。项目中,交互功能十足的展览网站(architecturefordogs.com)起了重要作用,观众可以查阅、下载任一设计师的设计 DIY,也可以上传自己的创意作品。

每一次巡回展都有新的东西和新的作品融入其中,在此次成都版的"设计:为了爱犬"展中,有一件新的来自东京展的创意征集活动作品。策展方在近千件应征作品中选择了这一款,它对一般椅子的椅背进行了小小的调整,可以把爱犬放在椅背空着的另一部分。

此外,原研哉还进行了更多新的尝试,如直接攀登上来的椅子、海螺凳子等,此次展览中也把所有的思考过程模型进行了展示。

过去三年,通过巡展及网络传播,"设计:为了爱犬"展击中了大量犬迷的萌点,但很明显,原研哉策划这个展览的目的不是为了建造狗舍,他想通过建筑师为解决问题而设计的产品,然后以展览为媒介,从而成为世界范围内被关注的话题。

原研哉还留意到,家中有狗的家庭比家中有小孩的家庭多正成为一种趋势,与狗相关的产业必然有广阔的发展前景,项目为"建筑粉丝"和"爱狗者"组成交流平台,来探讨、激发大家重新观察自身及周边环境,这种互动的发展方式,或许会超出所有人的想象。 END

| 1 2 | 6 7 |
| 3 | 8 9 |
| 4 5 | 10 11 |

1　Atelier 作品
2　HARA Design Institute 作品
3　为全建筑的原点是为了亲情
4　康斯坦丁·葛切齐作品
5　MVRDV 作品
6　内藤广作品
7　妹岛和世作品
8　原研哉作品
9　隈研吾作品
10　Reiser+Umemoto 建筑事务所作品
11　坂茂作品

# 唐克扬

以自己的角度切入建筑设计和研究，

他的"作品"从展览策划、

博物馆空间设计直至建筑史和文学写作。

# 深入与消失：
# 一幢老别墅的新故事

撰　文 | 唐克扬

　　常常会收到一些异乎寻常的项目邀约，生成异乎寻常的设计创意，在现实中"非常建筑"的应手多半难以为继，但是在与无穷无尽的问题消磨的过程中，往往又不乏某种趣味甚至哲学的典型性。

　　在北方某个做过租界的城市，有一栋有了年头的花园洋房，灰砖，两层，带独立小院，原本可能也不算什么出奇的珍品。今天不仅维护得不大好，因为和周边密集的摩天楼比起来相形见绌，这幢楼曾经有过的锦绣年华彻底沦丧了，灰扑扑的，呆在大都会的风尘中，仿佛营养不良。

　　就算加上地下一层，这幢楼也只有一共三层，因为获取它的代价不菲——不管怎么说也是货真价实的舶来品啊（一个自相矛盾的表述）——它的主人非常想榨取这块地的每个体积碎片，充分利用其三维上的空间存在，早在我参与到这个项目之前，他已经把地下挖了一个惊人的大洞，使得这幢别墅原来的构思名存实亡，剩下的只有一个地面上的空壳，地下的部分扩展到了整个院子。

　　就像纽约规划当局搞不清赖特的古根海姆美术馆到底有几层，界定这幢建筑的高度颇费思量，成了设计的第一个问题。暂且叫一层的也许叫地面层更合适吧——因为它有南北两个院子（C1+C2），南边的小院子C1大致为长方形，旁边就是整个院子的入口，北边的小院子C2不太规则。二层现在设计了东西两个露台（T1+T2）。现有的围墙在XX路与XX路的十字路口，一条神气的直线，在北东两面切入街心的时候延伸成了尴尬的弧形，标定着这幢不太规矩的房子的混血出身——房基是正南北的，却置身于一个没有南北可言的西方城市的语境之中，面对着邻家两面冷冰冰的大墙。如此一来这幢神秘的房子其实就没有什么真正的"景观"可言了，因为剩下的两面都是它不愿面对的真正意义的城市。

　　剩下只有一种办法，向内——甚至向下——深挖。这房子并不是什么文保单位，但依然遵从某种"历史风貌保护"的指导，由于不可理喻的对于一切"旧"的外表都要保护而内里则可以不管的行政"原则"，建筑成了一个有着异常强大内心的小个子，设计师自然想到了，通过引入穿透式天光的方式，便可以改善地下部分空间的质量。

　　一所住宅，假如不作住宅使用了，又能干什么呢？在北京大学和清华大学，都有可观数目的所谓民国别墅，是美国人推行"帝国主义文化侵略"时留下的，因为我研究过校园的历史又在校园中生活过，也曾经被邀请来发表这方面的意见。结果也是非常让人挠头的，西方式独立住宅在中国的发展时间本来就不长，更何况没过几年它的权属和使用性质就发生了翻天覆地的变化。在西方城市的"缙绅化"例子里，类似的翻新和改用只会向上发生，也就是在不突破住宅原有容量的前提下，提高它的品质，把将将合用的空间变得更加"高档"。最后的结果是，住宅大幅"翻新"的成本只能靠"输血"来支付，使得"改用"得以维持，大多数住宅只能用作创造社会声名而自身并不产生价值的博物馆（不多的人临时参观），或者住宅本身就是博物馆的展品（小个的主人旁边有个大个的仆人）。在美国第一个设立自己身后的总统图书馆的富兰克林·罗斯福，就是在小小的故居旁边有个大大的接待中心。如此你也可以说，通过金融游戏得以支持的小空间的质量终归是提高了。

　　问题是，"中国制造"的核心问题就是品质不高，因此，在这个项目中，业主也只能通过提高使用面积来回收自己的各方面成本，这个外观貌不惊人的小房子里面，却需要安排景观，社交，休憩和文化四大块功能……

"景观"：中国式的住宅景观可能千变万化，但它们终归是"向内"的，有时可能像六朝的壁画墓一样，尽管栖息着竹林七贤，却透着内省的清凉气息。

"社交"：中国式的家庭交往规模不可能太大，而且参与者的关系既亲近又暧昧。

"休憩"：说实话，在老房子中休息的感受真心不会太好，尤其是西式的老房子，从木头缝隙中都散发出多年奶酪沁入木质纹理中的气味，闹烘烘、腻乎乎。

"文化"：在这里，"文化"不可能是别的东西，而只能是房子自身，"文化"就像是装修，需要勉力填补品质遗留下的空白。

出于这样的目的，建筑地上和地下的两部分完全变成了不同的建筑，一半交给抽象的"价值"，另一半向实际的"利润"投降。在北京，我曾经见到类似的一个例子，一个非常富有的商人买下了一整座四合院，随之把它的整个地下都挖通了，盖起了西式的大理石室内，上面油漆一新的部分虽然俗气，到底还是京城的气派，下面完全就是个洗浴中心。

结构的问题看似是不难解决的，原有的结构完全失效了（既然它的价值只剩下表皮），别墅的里面全部挖空，形成一个从地下一层一直到顶层的跃层空间。靠一圈加强了的外墙作为地面以上部分的结构体，原建筑的外围直至地下室边界，也就是凭空"多出来"的面积，整个采用了和原建筑毫无关系的密集柱网，顶着头上薄薄的地面，那些仅仅在视觉上存在的"庭院"。这样的结构方案倒是也有些好处，因为两个结构体系完全没有关系，所以可以随意在它们的间隔上开窗，就形成了穿透一层和二层的两层楼板的多功能"核心筒"地下层的高侧光（既然建筑正面不能开窗），而面向围墙根、别墅空腔和庭院的无柱玻璃幕墙的高侧光，也为地下带来了较好的自然光线——算是完全超脱的地上对于彻底埋没的地下的一点垂怜。

之后的别墅仅仅在照片上存在了，它实质变成了不太相干的五个部分：

1.建筑室内：取整以后，现在它是一个感觉开阔采光良好的通层大空间，它把整幢房子变成了只有一个起居室的住宅，一个迪斯尼乐园式的外观和内里完全脱离的空间，在其中无处遁形的人们只能无穷无尽地对视和闲聊；

2.院子：因为可耻叛变的内里，建筑的外观感到没脸见人，"修旧如旧"的意思，现在变成了加速的埋没，刻意的沧桑，在院子里，我计划用大量、大量的植被，常青藤，夹竹桃，甚至紫竹林……将它无限地掩埋起来，名义上，当然是要设计一个无限"自然"的园林环境，院子的所有空隙处都密集种植，统一和消隐了建筑和其它一切的视觉"杂质"。

3.露台：尽管有中央空调和新风系统的存在，尽管沁透陈年奶酪气味的原有结构已经尽可能地拆除了，老房子里的人们还是需要出来透口气的，大聚会也会成为嘴里叼着根烟人们的窃窃私语，一边有一句没一句地瞎聊着，一边幻想着自己有个大大的室外，一直延伸向想象中仙女跳舞的黑森林——其实它只是某种为人所熟悉的蛋糕的名字。露台改善了建筑和城市的关系，这种谋划只需要善加经营，上述植被的高度是个关键，它代替了院墙的作用而又不受规划局寻常规范的约束，可以"建"得很高，树梢以上只露出赏心悦目的城市的巅峰部分，在这样的高度的荫庇下，建筑地下的整个加建部分，可以以"人造地形"的名义再来一次地壳运动，在不同的地方上上下下，在起伏的表面上形成自己需要的小溪、草地、果岭，这个面积有限的小院子里，甚至可以有一个迷你的高尔夫练习场。

4.内庭：建筑地下部分的革命带来了局部高差的多样性，有的地方是三层、两层而有的地方是一层，甚至半层……结果自然形成了下陷的或者围合的庭院，不同深度的庭院，和露台相比，内庭的特征是它依然是建筑的一部分，被重重的墙壁，窥视，声浪……和人际关系所环绕，与建筑四周的空地，西方式的院子相比，内庭才是真正的中国式的庭院，关于庭院也许不必多说，我们这个古老居住文化的核心传统之一。

5.新建面积：最令客户开心的部分，只需要解释"这是一幢多出来的，可以随意利用的房子"就可以了。它幽暗的品质因为上述的高侧光得到了改善，深入地下的内庭的绿色提供了起码的向外的视野，但是对于打麻将，看电视，观摩私人艺术品，唱卡拉OK，洗澡而言，这些其实都不重要。

最后，也许漏说了一样东西——交通，内部交通呢？即使不算上设备的空间……很显然，在寸土寸金的这里，即使是一部楼梯也会占去建筑可观的面积。那么只有把建筑内所有的大门移去（既然围墙那里已经有了一道可畏的大铁门），把所有的路径"融入"建筑的面积，取消寻常的走廊、过厅、步道、等候，甚至如上所言，取消了房间……当你在建筑之间穿行的时候，你事实上已经置身于建筑之中了。

什么样的隐喻适合用来描述这样的设计概念？这幢只能修缮，外观基本不做改变的建筑实际上是在城市中消失了。立面露出的地下部分，新建露台的立面都整体采用了同样的材质，并不像原来一样混用白水泥或混凝土；它们宛如一个镜面，既反射出深不可测的园林环境也遮挡了自身。

现在建筑自身就是一个园林，一个长得看不到头的自我纠结和循环的漫步小径，在其中的人其实是为自己设置了一个迷局，但他们会心甘情愿地一直迷失下去。END

## 范文兵

建筑学教师，建筑师，城市设计师

我对专业思考秉持如下观点：我自己在（专业）世界中感受到的"真实问题"，比（专业）学理潮流中的"新潮问题"更重要。也就是说，学理层面的自圆其说，假如在现实中无法触碰某个"真实问题"的话，那个潮流，在我的评价系统中就不太重要。当然，我可能会拿它做纯粹的智力体操，但的确很难有内在冲动去思考它。所以，专业思考和我的人生是密不可分的，专业存在的目的，是帮助我的人生体验到更多，思考专业，常常就是在思考人生。

# 美国场景记录：社会观察 Ⅲ

撰　文 ｜ 范文兵

**1. 他们说⋯⋯**

在新浪微博上看到一个帖子，是一位在纽约的留学生思考"回国还是不回国"的问题。答案最后很清楚：不回！不是因为美国物质条件好、工作好，国内（大城市）其实更五光十色、机会更多，而是那种被"他们（旁人）"指指点点，不能活得"像自己"的生活，她受不了，只有在美国，才能获得自由！从下午到晚上，有近百人转发。

我粗看了一下转发留言，猜测很多应该还是在读书的年轻同学，包括很多留学生。

我特别能体会微博里说的感受。每个中国人，我想从出生开始，就会多多少少受着"他们说⋯⋯"的影响。他们说你一定要赚大钱，做大官，要成功；他们说你应该去读热门专业；他们说你该结婚了；他们说你该买房了；他们说你看"别人家孩子"多能干；他们说你看看你同学都如何如何了，你怎么还⋯⋯

我对这种"他们说⋯⋯"之中蕴含的价值观之单一，对"人性多元发展"之压抑，对"个体之间彼此独立与尊重"之践踏，与很多转发同学一样感同身受，很是反感。但针对此文，以及诸如"逃到美国就好了"的跟帖观点，我又生出另一个疑问：世界上真有一个完全不受制约、让个人自由自在的天堂吗？

首先，纽约之多元、多变、多种族状态，恐怕很难代表"真正的美国"，加上（留）学生尚未真正开始生活，以及生活圈子与真实社会的相对隔膜，是不是会产生一些幻象呢？

我想，就算在纽约，如果深入下去，应该和我目前所了解到的"普通美国"有相似之处：它照样会有圈子，有规矩，有社会习俗，人言是非的存在，当然，"他们说⋯⋯"这种现象，至少在表面上会少很多，尊重"隐私权与个人生活方式的选择"，至少在表面上已成为社会普遍认同的"政治正确"的看法。

从"外因、内因"角度想这个问题，我想也许可能更有说服力：外在环境的确很重要，但自我内在独立精神的强大与完整，才是根本！

"你是谁？你要什么？你准备为你要的东西付出多少牺牲和代价？你怎么看待和你不一样的事与人？⋯⋯"这一系列问题，在哪里，都得靠自己的思考来回答，一个也逃不掉。

一个人是否会屈从环境，能否做成"独立真正的自己"，我以为跟想没想清楚上述一系列问题应该更有关系。想不清楚，或者根本没意识到正视这些问题是"自然人"变成"独立人"必须要做的事，恐怕是还没有培育出真正的"自己"，又谈何"做自己"呢？具体在哪个环境中生活，我并没什么特别的看法，更不会和什么爱不爱国扯在一起。

回想在美国这段时间见到的一些华人，包括留学生，即使来到这样一个多元的社会环境中，但那种八卦是非、单一价值观束缚中的"他们说⋯⋯"观念，似乎也不见得比祖国大地上的普通百姓来得少。所以我不得不痛苦地承认，"他们说⋯⋯"这种文化基因在咱们中国人心中之顽固、之深入骨髓，稍不留意，就会让我们在不自觉中变成"他们"中的一员，进而对不一样的人或事缺乏理解、尊重、宽容！要时时刻刻提醒自己！

**2. 现实，想象，交流**

晚上参加一个聚会，跟一群美国人，包括几个来做访问学者的中国人聊了一晚。

美国人都是些最普通的中产，各行各业都有，有教师、司机、学生、铁路工⋯⋯这些美国中部人估计已经习惯了过去遇见的中国人对美国的各种赞扬，所以，当我和他们聊起一些我发现的"美国问题"时，普遍都很吃惊。

一般来说，普通美国人对中国其实是没有兴趣的，因而极度缺乏相关知识背景，他们如果和你谈论中国，多半是出于礼貌。这种状态我完全能够理解，一个觉得自己国家（包括城市）非常先进的普通人，是缺乏足够动力去了解他认为落后、甚至邪恶的国家与地区的。所以，除非我发现一个美国人对中国特别有兴趣，并已有相关基础，我才会跟他讨论中国之事。绝大部分时候，我则只跟他们聊美国，因为，我实在没有耐心，从ABC最基础的东西开始做解释。

发现了他们普遍的惊讶后，我不得不又重复了一次最近跟美国人聊天时常说的一段声明："我肯定是中国人中的少数派，你们恐怕已听到太多中国人说你们国家好了，这次就请你们尝试着了解一下，让一个来自中国上海的大学教师和建筑师的我，说说你们不好的地方吧。"我聊天中说到的"美国问题"主要包括：汽车对城市丰富街道生活的伤害，食品工厂生产转基因食物的危险，信息自我封闭对美国人视野的局限，建筑学在美国的先天不足……过于敏感的一些话题，如种族、贫富差距、阶层隔绝等，我压根儿没去碰。在我讲述的过程中，他们不断露出惊讶表情，不时还有人点头表示同意，听我讲完后，不知是礼貌还是真被我说服，现场一片沉默。其中一个年轻人非常激动地站起身来，来回踱步，大声说从来没这么想过问题，但是，也不知该如何与我交流。

相对于多数美国普通人对中国的无感，绝大多数中国普通人（特别是没到过美国的中国人）对美国，从我个人观察，则是充满了美好想象。现在国内普遍存在一个逻辑，只要中国有什么问题，下面接着的话就是，美国那儿肯定PERFECT！比如说中国教育伤害人性，接着的话就是，美国教育尊重个性、轻松自由（我了解到的情况是，美国一般学校或许学习很轻松，但如果你去到精英大学、精英高中，看看一天只睡几个小时才能跟上进度的压力，恐怕就不会那么想了。学生的人格肯定比我们这里要受到尊重，但轻松，在好学校里还是不要想了）；比如说中国腐败横行，接着的话就是美国

民主真是好（我了解到的情况是，你去华盛顿看看，各种利益游说集团的运作无孔不入，虽说它的运作比中国透明，受到监督也大，但黑幕也不是绝对没有）……

当然，这种美好想象在即使来到美国的中国人身上，依然顽强存在着。我迄今为止的观察是，短期访问的人，内心深处依然充满着祖国人民对美国的一腔美好愿景，那是真心觉得美国样样都好！即使在美呆了多年的留学生，因为很多人生活局限在校园和华人圈里，大多与美国真实生活基本隔绝，脑子中对美国的看法也是从祖国带来的。而一些已经定居此地的中国人，由于被多数国人一厢情愿归类到"飞黄腾达、王子公主幸福地永远生活下去"的想象中，所以，估计即使有苦也说不出，即使说出来了，也无人相信，或者索性配合起来，做幸福的高等华人状，满足一下中国式的"比试虚荣心"，或者借此谋取国内外各种级差利益。

一个在哈佛呆了五六年的朋友看到我这篇日记后，写下了一段话，我觉得其中故事和观念都很准确地表达了我想说的话："中国人何止真心觉得美国好，简直就是发自肺腑。当年同校一朋友见老美去快餐店，不洗手直接吃。赞不绝口：美国真干净，这样吃也不会拉肚子。中国人基本会是美国中心论者、欧洲中心论者、古中国中心论者、毛泽东时代中心论者。总之除了自己生活的当下中国，都可以是中心。"

### 3. 中国式（乡村型）交往模式

这两天，连续参加了两个中国留学生的聚会，来庆祝中国国庆和中秋。

年龄有老、有小，地域来自祖国大江南北，学历从本科到博士，再到博士后、教授，应有尽有。但在聚会中，我自己屡屡被那种陌生人一见面时的交往模式给惊到。

常常是劈头盖脸就被一堆事无巨细的私人问题围住，然后再被迫事无巨细地听对方剖白自己。我心里想，我跟你有那么熟吗？还有蕴含着地域、阶层、赚钱等各种纠结情绪在话语后面隐隐做怪，让我哭笑不得。我常常觉得像是进入到某个中国的封闭乡村里，一群乡亲们贴身紧逼各种盘问，可是要知道，这都是些喝了很多年洋墨水的知识分子呀，为什么还只会

这种交流模式呢！

我当然理解这种相互事无巨细依附在世俗琐事、相互诉说、相互攀比、抱团取暖的中国式（乡村型）交往模式，但骨子里实在不习惯也不喜欢。因为我认为，陌生人交流时谈论的话题，不一定非要进入乡亲状态、进入到私人领域才能达成，萍水相逢的简单碰面，还是有距离的寒暄即可，没有血缘关系的两个人之间，除了热络贴身和冷漠无视两种模式外，还是有多种可能性的。

我喜欢的交往模式倾向于智识层面的交流，虽然也明白，这种模式在中国导致的人际结果肯定是冷冷清清，但我宁愿冷冷，也不要这种亲密无间。从小家教，不许我八卦，迄今为止，也毫无兴趣八卦别人。其实，以现在阅历，基本一眼就能看出在美国这个相对单纯环境里的某个中国人的大致状态。细节，懒得浪费精力去理，而且说实话，有必要理吗？别人的私事、生活，又关我什么事呢？

聚会过了几天，我慢慢整理出了这种中国乡村式人际交往模式背后的原因：

1）中国人一般除了世俗的吃喝拉撒睡、家长里短的人情世故外，其余的乐趣、爱好其实很少（让我赞美一下广场舞吧，这是我以为的，当下中国人生活开始丰富起来的信号），因此，只能围绕这些话题说话。

2）中国人的社会缺乏信仰，因此缺乏像欧美这样如此普遍的因为信仰集合在一起各种小团体，再加上政治因素所限，任何超越实际人际关系的团体是被禁止的，所有的聚会，都是实际关系聚会。因此，这也决定了中国人的社会是个关系人情熟人社会，交往的目的多是为了"功利目的"的拉关系。迅速问清楚一系列私人话题，有利于将各自的价值计算清楚，然后放在不同的地方，备用。

3）中国人的人生价值观就是围绕功名的"标准统一价值观"，标准单一的结果只能导致相互攀比。陌生人交往话题里充满了各种可以相互比试的空间，这既是一种证明自己的途径，也是通过比试之后，来决定出自己对待不同人的行为举止（比自己高的该如何，比自己低的该如何），这又是中国等级社会的一个缩影。 ■

## 李雨桐

女，狮子座，建筑师，留学英国。

关注上海，关注上海的建筑设计以及上海的建筑师。

希望从流行的学术和媒体观点之外发现被隐藏的创新性观点和视角。

# 上海新建筑十作
## （21世纪后，本土建筑师设计）

撰 文 | 李雨桐

进入21世纪的上海，小型事务所的实验建筑师、明星建筑师和学院建筑师在大设计院建筑师和国外建筑师之外形成了第三种力量，为上海创造了更加生机勃勃的建筑。但上海新建筑就目前看还只是量变的时期，还没进入质变。各个建筑师还处于个人风格嬗变的前期。新建筑十作是依循不同建筑师的不同设计策略而选择的。更重被选建筑的事件性，和类型建筑的相比以及设计手法的创新意义。

### 1. 龙美术馆西馆

2014年最重要的全国性的上海建筑事件莫过于龙美术馆西馆建成开张。在一边倒的喝彩中依然有不少尖刻的异议存在。但好和坏的这些都不是本文要讨论的，笔者认为龙美术馆西馆的意义在于在它建成之前，从没有一个规模超过30 000m²的中国建筑（包括港台地区）

能够克服结构，消防规范和施工技术限制以及审美习惯而将纯粹的极简主义进行到这个地步，几乎接近或等于国外优秀建筑的水平。所以这个项目应该是大舍的柳亦春成为国际化大师的起点，而不是里程碑或者是终点。

### 2. 中国馆

许多建筑师和评论家对2010年世博会中国馆的建筑形象不满意，但不可否认，中国馆是上海这十年最重要的建筑地标，它切实体现了中国建筑作品一个重要的审美判断机制，即象征主义。尽管大多数建筑师不愿意承认，象征往往是建筑师的设计获得认可的一个重要理由。红色的中国馆所处的世博园区特别的位置，方正的形象，仪式性的入口以及中华之冠的象征意义都让何镜堂这个设计在其他国家馆和其他中国馆方案中引人注目而得以胜出。

改革开放后，大陆出现数以千计的新建筑，其中只有很少的建筑能够取代旧建筑成为城市的新地标，其中就有本土建筑师设计的90年的上海东方明珠电视塔，它在象征意义和建筑形象上成为改革开放的上海的标识。

### 3. 虹桥枢纽

虹桥枢纽是个具有世界最高水平的功能主义作品。虹桥枢纽为飞机场和高铁站综合体，接驳有地铁，公交，出租，汽车，物流等不同交通形式，是个巨大的交通综合体。改革开

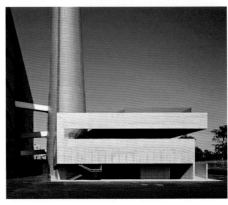

放以后，全国建设了大量的机场和高铁站，为各地创造了各自争奇斗艳的建筑形象，但在施工质量和功能安排上却总不如人意。上海的虹桥枢纽已经不需要用一个绚丽的外表来证明自己，它以最合理和便捷方便的功能流线组织运行了最复杂的交通系统，它获得了使用过这个枢纽站的乘客的一致好评。华东建筑设计研究总院的确有中国的 KPF 或者 SOM 的素质，能够为最复杂大型的综合建筑提供最专业的技术服务，而这个技术服务需要长期的技术积累和研究总结才能够得以展现。

### 4. 同济大学建筑与城规学院 C 楼

迄今为止，张斌设计的同济大学建筑与城规学院 C 楼在全中国此起彼伏的大学校园建筑，尤其是教学楼里依然是最具标识性的。张斌是个出色的手法主义者，具有控制力地将丰富的材料，空间组织，细部和立面设计精致地组织在经过模数制约的原本很狭窄的场所之上。张斌证明了现代主义的丰富性，并非是机械主义的呆板。

### 5. 上海当代艺术博物馆 PSA

利用南市发电厂改建的上海当代艺术博物馆是上海重要的艺术地标。章明采用了一种"中"的态度，没有用新设计覆盖旧建筑，也没有突出旧建筑，他完全隔离出了一个新体验的场所，在大多数空间和立面处理中，观众是不会感受到这是个旧的发电厂，但在节点部位，那些保留的遗迹则会提示出建筑的历史渊源。

这种态度往往不讨巧，因为"中"而不够极端，但章明的"中"控制得还算得体，所以南市发电厂变成上海当代艺术博物馆显得自然而然，至于它过去是什么，已经不重要了。

### 6. 夏雨幼儿园

大舍作为上海最重要的实验建筑事务所是道理的。2004 年落成的青浦夏雨幼儿园是上海本土实验建筑师走上历史舞台的第一炮。大舍的陈屹峰对大家已经习以为常的的幼儿园形象和规范理解提出新的解决方案，这个最终的方案在学术探讨和建成形象上，以及对传统空间的思考，建造的控制都堪称典范。尽管这个作品在目前看显得有些拘谨，但这拘谨最后创造了大舍设计的一种欲语还休的气质。

### 7. 水舍

位于外马路，利用原货栈改建的水舍是如恩事务所最重要的作品。尽管这个作品的设计理念在欧洲已经颇为常见，但这个刻意保留以及突出旧建筑的破旧现状作为建筑形象和室内装饰一部分的处理，让上海这个拥有大量旧建筑的城市面对建筑更新有了个新办法，是个成功的典范。但如恩没有继续建造出更好的建筑，他们的其他作品呈现一种做作的仿旧手法，并没有将水舍设计中那种强化历史痕迹的处理继续深入发扬，这点令人费解。

### 8. 华鑫展示中心

祝晓峰的华鑫展示中心利用树间和二层创

造了好像连绵不断的路线，和各种看上去不同但气质相似的空间。他似乎恐惧单调，所以总要塑造尽可能多的空间；他也试图用一种语汇包裹建筑，但又不够肯定，最后开了不同形状的洞口去联系外部空间和树。他对形式和手法具有特别敏锐的嗅觉。他总能够迅速地将不同手法纳为己用，但有时克制不住，便以炫技性表达出来了。但无论如何，华鑫展示中心是个漂亮的建筑，轻松、有态度的手法主义建筑。祝晓峰出色地用小清新妆容掩盖了项目的商业性面目。

### 9. 九间堂

九间堂是个至今还在生长的别墅小区，是个活生生的研究样板。它是中国所谓现代中式的第一个楼盘，无论当时还是现在都是少数派。和许多号称现代中式的楼盘不同，它不仅仅满足披一件风格化的外衣，它最大程度地利用了建造技术和规范空隙，不沿袭西方的集中式和中国传统的分散式布局，创造出一种利用建筑本身的曲折去限定外部空间并塑造内部空间的新手法。

九间堂的主要设计师之一的严讯奇并没有在九间堂基础上继续思考，设计了一个户型的袁峰转向了参数化，设计了会所的矶崎新只是将自己的未建成变成建成。另外一个主要设计师俞挺倒是沿着现代中式继续走下去，并创造出一种无形式的在场体验的建筑思路，贯彻在后来的二期和三期的改建上。但因为无极书院和长生殿舞台过于小众，同时形式感不强而不被重视。

### 10. 上海市高级人民法院大楼

21世纪初期的华东建筑设计研究总院在大多数本土实验建筑师还未能取得建造业绩的时候就在强化技术服务实力的同时突出原创。上海市高级人民法院大楼就是那个时期的产物。大楼采用了玻璃幕墙和自动百叶控制，而没有采用法院常见的古典主义立面或者敦厚沉重的材料，法院大楼的入口仪式和空间处理还是遵循了中国法院的流程和习惯。这让大楼呈现了一种精致的严肃，所以它在这30年全国建成的大小法院建筑中显得很独特。**END**

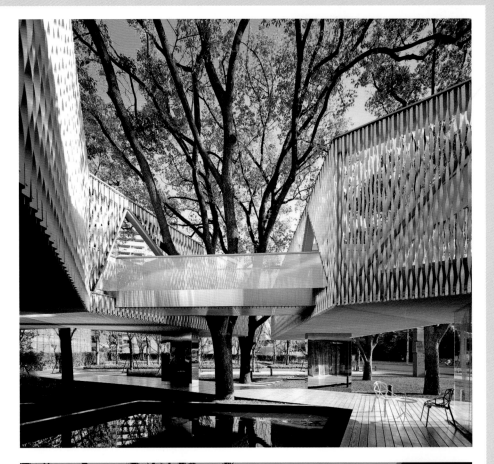

1　华鑫展示中心

2　九间堂

3　上海市高级人民法院大楼

# 圣地亚哥
# 慢行记

撰　文 | 孙华锋
摄　影 | 孙华锋

```
| 2 | 4
|---|---
3 | 5
  | 6
```

1　California Tower 是圣地亚哥市标志建筑之一。加州塔高达
　　200 尺，内有 100 个小吊钟，每一刻钟百钟齐鸣，回荡在公
　　园上空，有如天籁之音
2　Casa del Prado and Theater 剧院
3　Down town 里的新建筑
4　圣地亚哥的傍晚海景
5　胜利之吻
6　晨幕中安静的城市

　　人，时常会想要游离一下。尤其是从事繁杂的室内设计工作，身处如同走马灯似的设计界，不免让人身心疲惫，找个与世无争的能够放空自己的地方静静也变成了一种期许。

　　圣地亚哥是美国加州的一个四季如春，美景如画的海滨城市，这里最适合发呆，散步，健身，游逛。我的行程，自此开始。

　　一个设计师的出行大多回来会总结与职业有关的东西，可这年头国内外资讯的发展进程之快，轮到你写观后感的时候早已成了陈芝麻烂谷子的事了，枪手如云，天天陷身于专业之中，与我的出行似乎多少有些背道而驰了。

　　当皮肤瞬时变黑的时候，你才知道这里没有雾霾的阻隔，加州的阳光的紫外线是多么的强烈。

　　当你坐在绿草如茵的树冠下感到凉爽的时候你才知道空气的清透能让你闻到绿草的芳香。

　　当你站在海边望着一望无际的大海，看着天上的云彩时而波涛汹涌，前拥后推，时而如万朵芙蓉，时而像轻纱袅袅，你才知道天空不是一成不变的。

　　放松可还是放不下思绪，你不由自主的总想去对比，小时候不是这个样子。国内外的差别那是口水活，你会感到面对社会你是多么的渺小，算了吧！还是不要戴上枷锁，随心所欲天马行空的更现实些。

　　虽远在异国他乡但我没有什么不适、自危、防备之感，当身边不断传来"你好"、"是否需要帮助"的时候，你会油然地萌生有存在感有亲切感。中国的社会大概快进入一个后物欲时代，我记得郑也夫在《后物欲时代的来临》里

写到人的三种追求：舒适，牛逼，刺激。物质化的社会所带来的心理畸形——狼性，不信任会摧毁一个民族的一整代人。

后物欲时代进入艺术消费层面，对中国来说，还是有一段距离要去走的，对人的尊重，对艺术，设计的尊重是区别一个国家是否真正进步真正强大的一个重要标志。

近20天时间里的四处行走，我的行程随心而动：美国圣地亚哥的沙滩、森林、公园、艺术博物馆，以及各式各样的"old town"、"down town"……各具特色。建筑与自然的融合，新旧建筑的融合，人文景观的保护，人与自然与城市与社会的关系一切无缝对接，仅仅看着随时随地都在放松自己、锻炼身体的人们，让人流连忘返。

Down town 应该是圣地亚哥的市中心，

CBD。与大多的美国城市一样，拥有多元化的建筑风格，古典与现代相映成辉，虽然没有什么章法可循，但绝对没有国内城市的杂乱无章并且相安无事。一条街上就可以看到城市建筑的发展史，历史的延续性使城市具有了旺盛的生命力。在干净的街区上，你看不到争先恐后、浓妆艳抹的门头招牌。合理的道路规划和开车的礼让姿态令人心情释然。现代化的建筑让我有着熟悉的感受，但特有的色彩构造，大多的钢木结构的传统建筑穿插其中使得这个城市有了自己的性格。除了高层建筑不大的工地从建设就像在搭积木，看不到沙尘看不到呼啸而过的水泥罐车……有了宁静、有了干净、甚至有了个性，人们自然愿意徜徉其中……

每天，我觉得只有放下生活的快节奏，四处溜达、闲逛才能近距离去体验这里的生活，

会有很多不同的感受。来之前刚好看了一本美国人 Ian Morris 所写的《西方将主宰多久》，大的方面无须赘述，单单从社会保障体系、教育体系、人与人之间的关系以及社会对人文的真实关怀领域，你会慢慢理解现在西方为什么会主宰世界。

大多人会觉得这里太安逸了，但没有安逸怎么能静下心来做出精品的东西来呢？一个浮躁的社会造就一大堆"穷忙族"（赳赳说中国），"勤劳而不富有"的群体是"清晰度低，参与度高"的冷介质，看看今天的国内设计界乱象环生，诸侯争霸，你我他早已被网罗其中，中国社会的成长阶段"求学，成家，立业"似乎与老祖宗的本意越来越背道而驰，教育和社会的双风险在摧毁着国人的成长链，"茫然"便会滋长出一系列的问题，当然这不是我该讨论的问题，不过人要活得多明白并不是件容易的事。

格式塔心理学（Gestalt）"反对人类的智力必须要达到很高程度后才能发挥其综合能力的观点"，托马斯 阿奎纳："人类的感觉喜欢看到事物的完美比例关系，每当看到比例完美的事物就如同看到了自身，因为感觉也是一种推理，和理性认识过程中的推理是具有同样的力量的。"

自此，游历是一个设计师成长过程中必须要走的路，开始你会看看与你专业相关的东西，慢慢的你会关注设计之外的风俗、人文、环境、历史……再后来你会选择适合你的，能够梳理思路、思考阅读、身心安静的地方停下来，每个人的经历不同、教育背景不同、内心不同自然感受也千差万别，但美的东西无处不在，心有多美你的世界就有多美，拿起相机背起行囊去拍下美丽的瞬间，感动自己，也感动别人。**END**

I　　Lake poway 的栈桥，垂钓者

2　　孩子们随意玩耍，在国内大人可要不离左右心惊胆战了，这可是在海边

3　　悬崖峭壁的风景线

4　　La jolla 海滩边的礁石

5　　从科罗纳多大桥看 Down town

6　　Coronado 海滩的傍晚时分，灯塔亮起很有好莱坞大片的感觉

7　　科罗拉多大峡谷瞬间天气的变化，雨撕扯着乌云坠向山谷

# BALANCE —— 四度预测

| 撰 文 | 白申冰 |
|---|---|
| 图片提供 | 法兰克福展览（香港）有限公司 |

　　8月27日，2014中国国际家用纺织品级辅料（秋冬）博览会（Intertextile Shanghai Home Textiles）在上海新国际博览中心如期开幕。此届不仅是展会的20岁圆满生日礼，更是展览面积成为历届之最的盛典。上海新国际中心的13个展馆展开怀抱，150 400m²的展览面积上，展呈了来自31个国家和地区的1 350家展商的精品之作。

　　对于日常生活而言，触手可及的家纺产品的意义不仅只是一件设计工业产品，其中更浓缩着对于冲破平庸无趣的生活方式的渴望。发布会上，策展方法兰克福展览（香港）公司携多位知名室内设计师，联手高端布艺品牌，推出"设计回家"生活概念展，突出以"家"为蓝本的设计宗旨。

　　面对国内消费者对产品要求的不断提高，为促进国内家居时尚与国际的接轨，展呈将海量的选择推至消费者眼前。W2国际馆集合了印度、韩国、摩洛哥、巴基斯坦的异域风情，W1的欧洲馆中来自13个国家的优质厂商和顶尖品牌代理商共同打造"高端品牌布艺区"。消费推平了贵族主义的壁垒，

向中产阶级展现"世界尽在我眼前"的磅礴可能。

　　国际时尚家居趋势专区，今年仍由法国NellyRodiTM Agency携领六位行内知名专家提出本季家居关键词——BALANCE。协调快与慢的生活态度，描绘现代消费者是如何越来越将家视为表达和想象的地方，和平与宁静的天堂，逃避与虚构的所在。

　　趋势预测从情感、理性、逃避和传统四个消费维度做出测写：情感（慢）-应许之地，理性（慢）-神圣和谐，逃避（快）-热带逃离，传统（快）-水之梦。四个维度的词汇中两个慢者带着基督教色调的空灵和神秘，大地色系的应许之地和小清新系微凉天空的神圣和谐，一个展现了回归伊甸的稚拙温暖，如同一杯温度刚好的咖啡；一端伸向梦境天堂的空灵飘渺，犹如一杯冰块即将融尽的淡蓝色柠檬苏打水。快者的两个词汇，热带逃离带着些小小的乖张和喧闹，把色彩和大胆的花纹搅拌得令人头晕目眩；水之梦则用有些冷峻的蓝和金属珍珠的光泽，调理出变换莫测的催眠式海宫。END

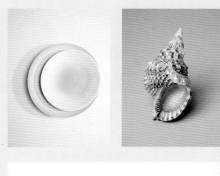

# "生活·设计·成长"
## 百家讲坛：范日桥之设计公司的管理与经营

资料提供　｜　太原市室内装饰行业协会

2014年9月14日，"生活·设计·成长"百家讲坛——范日桥主题讲座：设计公司的管理与经营在山西太原万达文华酒店举行。本次活动是由山西定向文化传媒有限公司主办，《室内设计师》杂志、中国陈设艺术专业委员会（山西省）、山西家具行业协会、太原市室内装饰行业协会支持，居然之家山西分公司总冠名的一次行业学术交流盛会。本次讲座旨在为山西行业人士搭建与全国设计师交流与学习的平台，促进本土设计师的成长，推动山西设计行业的发展。

讲座邀请了无锡上瑞元筑设计制作有限公司董事设计师，也是合伙人发起者之一的范日桥先生，为山西设计圈带来了历时7小时的"设计公司的管理与经营"为主题的演讲。现场近百名设计师认真聆听了这场精彩演讲。范日桥先生以其自己的公司——无锡上瑞元筑设计制作有限公司为例，引入了讲座的主题：设计的经营与管理，将其独有"四三二一"设计公司的管理经验与大家进行了深度分享；"四"即在合适的地域、在对的时间，服务于合适的客户、做市场需要的设计；"三"即研究市场的需求和空白点，同时研究本公司拥有的资源并做出决策；"二"是设计公司的发展要在商业价值驱动和艺术风格驱动两种模式间取得平衡；"一"即把握一个核心理念——设计，为生活创造体验。范日桥对小型设计公司的发展规划发表了自己的看法，他认为设计公司不应盲目求大，只有当核心竞争力贯彻到各个方面时，才可以扩大公司规模，否则会被大规模公司绑架。

上瑞元筑作为一个以餐饮设计为主的专业设计公司，他们对餐饮的模式、经营、发展趋势有着多年的研究和积累。范日桥回顾了公司发展四个阶段的作品，分享了餐饮设计一路走来的经验和反思。

从行业的市场分析到公司的发展模式，从个人的设计需求到公司的发展规划，饱满务实的课程内容，丰富激情的语言表达，引起上百名参会的山西设计师的极大热情与反响，与会的设计师们积极提问，与主讲人讨论互动。7个多小时的精彩演讲与热烈互动，让听众收获满满、意犹未尽。END

177

# 基于结构性能的机器人建造

撰　文　｜　费斯
资料提供　｜　上海"数字未来"暑期联合设计工作营

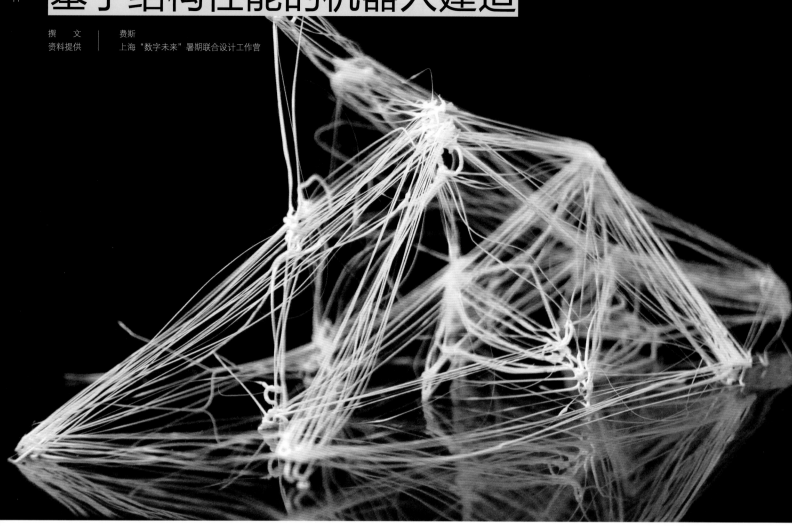

2014 年 7 月 22 日，由同济大学建筑与城规学院主办，同济大学建筑设计研究院、上海同济城市规划设计院和德稻教育协办的为期三周的上海"数字未来"暑期设计工作营系列学术活动，旨在通过数字研习班（Computation Workshop）、建造工作营（Fabrication Workshop）、国际会议和最终成果展的系列教学和学术活动，在数字设计的教学实践和国际交流合作上进行积极的探索。

今年的工作营以"基于结构性能的机器人建造"（Robotic Fabrication Based on Structural Performance）为主题，主要关注机器人砖构、机器人木构、机器人仿生结构打印、机器人金属加工、机器人气模和 3D 混凝土非线性建筑打印等议题。参与此次工作营的指导老师有来自哈佛大学设计学院的 Panagiotis Michalatos 和苏麒、密歇根大学的 Matias del Campo 和 Sandra Manninger、同济大学的袁烽和苏运升、清华大学的于雷，还有来自墨尔本皇家理工大学的孟浩和南加州建筑学院的闫超。在为期一周的数字研习班的教学中，开展了 Processing、Grasshopper、Maya、Kangaroo、MelScript、Millepede、Rhino 和 Kukaprc 的数字化软件教学。在随后的两周中，50 余学生分为 7 组，在指导老师的带领下，完成了 7 组作品，并在最终成果展上展出。

基于结构性能的设计方法是开发和运用计算机技术和数字化制造技术，延展建筑原型先天结构特性和特定的潜在性能的设计方法。这种设计方法既不是简单地使用具有形式的结构单元作为设计的主导要素，也不是使用建筑结构特性作为找形工具。重要的是它建立了建筑师和工程师之间的一种创新合作方式。使得建筑师有可能发展具有多层次的、多目标的找形方法。这种结构性能优化过程，使设计更具有互动性与适应性。这次工作营以此为主题，从机器人砖构、机器人木构、机器人仿生结构打印、机器人金属加工、机器人气模和 3D 混凝土非线性建筑打印这几个方面，来探讨全新的建造可能，基于结构性能模拟所带来的精确性将通过数字化建造技术得以实现。

## 2014 中国国际家具展览会开幕

2014 年 9 月 10 日，第 20 届中国国际家具展在上海浦东盛大开幕。为期五天的展览加活动盛事将打造出设计之都不眠不休的饕餮之宴。展会将以国际化姿态、设计为抓手、着眼渠道、打造未来，为行业可持续发展引领航向。除了声势浩大的中国制造大军外，观众还可以在 W1 国际品牌馆和 W4\W5 设计馆等场馆看到来自 26 个国家和地区的 220 家海外企业和品牌，他们是来自法国、比利时、西班牙（西班牙装修效果图）、葡萄牙、马来西亚、印尼、新加坡的展团，今年还新增了韩国展团，巴西和波兰的家具企业今年也是首次亮相展会。中国国际家具展览会已成为海外家具企业进入中国和出口第三国的有效出口平台。

据了解，2015 年第二十一届中国国际家具展览会仍将在浦东上海新国际博览中心和上海世博展览馆两地举办，时间调整为 9 月 9-12 日。此外，展会将增设软体家具展，参展企业预计增至 3 000 家。

## 记忆巷弄

如恩设计研究室将 2015 年科隆国际家具展"家"的设计装置理念，打造成介入的"记忆巷弄"。最初设想来源于典型上海里弄的空间体验，装置中的现代金属框架，形成"笼子构造"，唤起了家作为庇护处，同时也是人们"物体"聚集处的理念。一个形似实体桥梁的中央核心通道，引领着观察者穿过多种多样的笼子，迫使人们看到所有展示在这些笼子中的装置。

哲学领域追求的意义，自古以来就来源于"回乡／回归"的概念。如恩设计（Neri&Hu）的"家"，旨在创造具有煽动性与颠覆感的效果，质疑我们先入为主的"家"，"房屋"的概念，以及那些占据日常生活中这些空间的物体。如恩设计（Neri&Hu）希望把观众带入一个"记忆巷弄"，探索未来，保存过去。"把家作为庇护处"的理念将扩展到一个理想的梦境，室内空间体验将结合现象、幻想、觉醒和表现的拟像。

## "设计·创未来"
## 中国室内设计高峰论坛暨 J&A15 周年庆

2014 年 9 月 21 日，由中国建筑学会室内设计分会、中国室内装饰协会主办，J&A 姜峰设计公司承办的"设计·创未来"中国室内设计高峰论坛在 J&A 新总部——深圳市科兴科学园 B4 会议厅隆重举行。本次论坛上，中国建筑学会理事长车书剑先生发表了致辞。中国室内装饰协会会长刘珝、中国建筑学会室内设计分会会长邹瑚莹、深圳文体旅游局文化产业发展处处长陈锐锋、J&A 创始人、总设计师姜峰、清华大学美术学院副院长苏丹、广州美术学院副院长赵健、香港顶尖设计师梁志天、深圳市建筑设计研究总院总建筑师孟建民、北京筑邦建筑装饰工程有限公司孟建国等最具影响力专家出席并发表讲话，针对设计行业的发展趋势、设计人才培养、建筑与室内设计的共荣发展等话题提出各自精彩见解。

## 中日韩在华青年建筑师作品巡展开幕

"2014 中日韩在华青年建筑师作品巡展"于 2014 年 9 月 9 日在中国国家图书馆拉开帷幕。由中国美术家协会建筑艺术委员会、中国国家图书馆、北京理工大学艺术与设计学院、中国人民大学艺术学院、中央美术学院建筑学院主办，元美传媒非常设计师网承办的"2014 中日韩在华青年建筑师作品展"在 9 月－11 月间璀璨亮相。本次巡展由中国人民大学任亚鹏博士（日本亚洲设计研究所外国人研究员）策展，展览汇集了曹晓昕、王刚、刘飞、何崴、房木生、钟一鸣、菅根史郎、前田聪志、胜田规央、镜壮太郎、郑乐贤、柳承甫等十几位中日韩一流青年建筑师的经典作品，其涵盖了建筑艺术的多个门类。

## 飞利浦推出全新明皓 LED 灯盘

近日，飞利浦在中国市场推出一款专为办公空间量身打造的明皓（Smartbright）LED 灯盘，这是一款突破传统设计理念的经济型 LED 灯盘，能为客户带来出色的节能效益，极佳的照明效果，简单的替换安装方式，灵活的应用和持久可靠的性能，帮助客户显著降低能耗的同时提供明亮舒适的照明氛围，能广泛适用于写字楼、学校、医院、银行、超市和工厂等一般室内办公空间。作为一款以性价比见长的办公灯具，该款灯具与一般 T8 格栅灯相比，不仅光效提高了 88%，而且节能 50%，为客户节省可观的电费支出；同时使用寿命长达 25 000 小时，可使用 8 年以上，从而大大降低更换成本。

## "摩登三部曲"
## 兰斯南 & 考德瑞尔特中国展

摄影师杰拉德·兰斯南（Gérard Rancinan）和作家卡洛琳·考德瑞尔特（Caroline Gaudriault）历时 7 年，共同打造"摩登三部曲"，以混搭的艺术表达呈现当代社会的嬗变与激荡。2009 年，"摩登三部曲"在巴黎东京艺术宫首展，随后全球各大美术馆举行了多次巡展。在中法建交 50 周年之际，"摩登三部曲"首次登入中国大陆，来到上海喜玛拉雅美术馆。此次展览展出的作品包括近 40 幅大型摄影和一系列竖轴长卷文本，以充满个性的表达营造一段诗意的知性之旅。借助于摄影和文字，兰斯南和考德瑞尔特试图建立起一种对话，探讨这个本就在不断自我探寻、自我发现的世界。本次在喜玛拉雅美术馆的展览以摩登三部曲为题，分"蜕变、假设和美好世界"三个部分，表达对动荡社会的想法，正如兰斯南所述：作为人类演变的见证者，我希望透过我的摄影作品向观众呈现社会现状。

## 超空间：
## 西蒙·休勒甘 NO-BRUSH 之装置作品展

由菲利浦画廊策展、Dariel Studio's Pop-up Gallery 主办的"超空间：西蒙·休勒甘 No-Brush 装置作品展于 2014 年 9 月 18 日至 9 月 30 日在菲利浦画廊展出。作为西蒙·休勒甘 No-Brush 概念的延续和发展，装置系列作品"HYPERSPACE"邀我们关注两个创造性的领域：艺术和设计，以及他们互交互助的内在联系。通常设计总有明确的特性和目的：既美观又有实用性的东西，而艺术却非如此。对于设计，实用性总在艺术中缺席。然而现今的艺术家和设计师越来越多地将艺术和生活视为一体——两者分界限越加模糊、难以分辨。"超空间（hyperspace）"原是一个科学概念，指物体在其中以超光速移动的理论空间，在宇宙中两点之间建立最短路径。在休勒甘本次展览中，超空间旅行成为一种实验，两点则是两种不同的创作理念：艺术和设计。休勒甘的装置作品呈现出震撼视听的效果，观众能完全沉浸在作品带来的体验，同时更主动地以他们自己的角度审查诠释作品。

# 设计传媒 cn

**design-media.cn**

设计传媒网作为设计全角度门户网站,携手众多极具国际影响力的专业机构深度合作,依托丰富的行业资源和强大的国际化专业媒体采编运营团队,致力于打造设计圈媒体新力量。网站坚持分享设计圈最新亮点内容,提供最佳用户体验;用高清大图的精美界面来倡导瀑布流读图阅读方式;个人用户免费注册,免费下载高清无水印设计大片;企业用户悦享更多服务。网站内容涵盖建筑、景观、园林、室内、平面、工业设计等方面,致力于提供一个纯净优良的设计类全媒体流量平台。

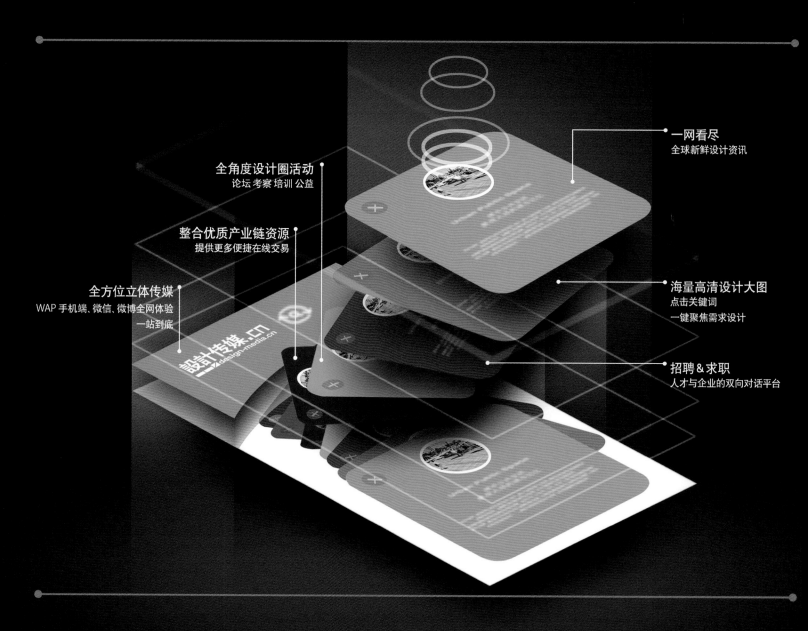

**全角度设计圈活动**
论坛 考察 培训 公益

**整合优质产业链资源**
提供更多便捷在线交易

**全方位立体传媒**
WAP 手机端、微信、微博全网体验
一站到底

**一网看尽**
全球新鲜设计资讯

**海量高清设计大图**
点击关键词
一键聚焦需求设计

**招聘&求职**
人才与企业的双向对话平台

## 免费注册会员,即刻体验

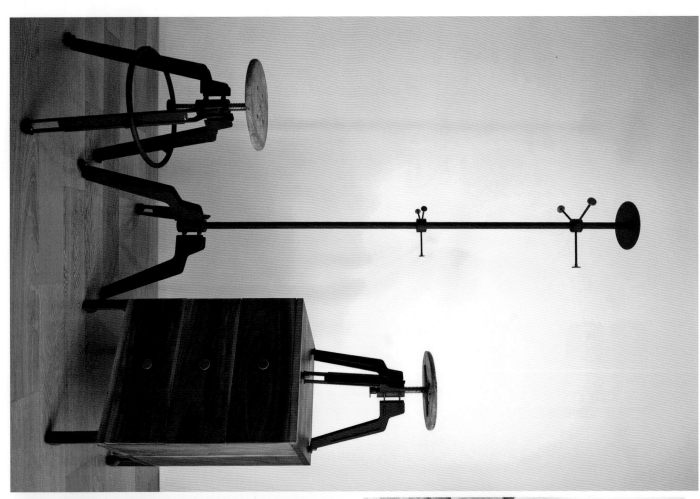

TOUCH FEELING   tel: 0571 85861409   www.touchfeeling.net

# 领秀上海

## PDC创意生活体验展

**2014年11月12-16日　国家会展中心（上海）**

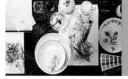

"领秀上海"，汇聚B2B和B2C展览模式于一体的全球原创产品盛会

最专业的设计服务集群 ／ 最知名的原创产品 ／ 最丰富的设计论坛活动

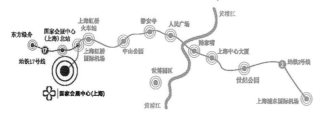

地址：上海青浦区嵩泽大道333号(地铁2号线起点站徐泾东站位于项目内)

如需更多信息，请联系：广交会产品设计与贸易促进中心（PDC）邱先生　电话：020-89181845

PDC其它设计展览活动与广交会同期举办 详情请登陆www.pdc.org.cn

# CIID年会—2014厦门"南旺"

中国建筑学会室内设计分会第二十四届（厦门）年会

## 11.5-8

**12**项精彩内容　　**30**余位各领域顶尖演讲嘉宾　　**1000**余国内顶尖设计师齐聚

年会演讲嘉宾（部分）

**吴清友**
知名台湾企业家、诚品书店创办人

**贾伟**
LKK洛可可设计集团创始人、董事长

**杨经文**
国际著名建筑师、生态学家

**梁志天**
香港十大顶尖设计师之一

**陈阳**
ADU 企业管理咨询公司首席顾问

**李鹰**
HBA合伙人、上海赫·室主事人

**Federico Masin**
HBA香港分公司合伙人、设计总监

**杨邦胜**
YANG杨邦胜酒店设计集团总裁

**旺忘望**
著名设计家、诗人、画家

**罗德胤**
清华大学建筑学院建筑系副教授

**杨维桢**
骏泽国际设计股份有限公司负责人

**葛亚曦**
LSDCASA创始人兼艺术总监

**庞喜**
喜舍创始人,设计师,室内陈设艺术家

**蔡万涯**
厦门万仟堂艺术品有限公司设计总监

咨询热线：010-88356044　　更多活动详情，敬请关注：www.ciid.com.cn